Mercedes-Benz

Kompressor *mit Stromlinie*

Mythos – Technik – Wiederaufbau

Dr. Harry Niemann

Motor buch Verlag

Einbandgestaltung: grafik+design Kornelia Erlewein unter Verwendung
eines Entwurfs von Harry Niemann jun.

Bildnachweis: Drescher Karosseriebau GmbH & Co. KG, Dr. Jörg Eckert,
Zoltán Glass, HNDesign, Mercedes-Benz Group AG, Mercedes-Benz Hersteller-
Expertise, MTU Friedrichshafen, NASA/ESA Hubble, ORCA Restoration GmbH,
Privatarchiv Vogt, Dieter Rebmann, Stiftung Schloss Fachsenfeld/Stadtarchiv Aalen

Dieses Buch wurde nach den geltenden Vorschriften der General Product Safety
Regulation (GPSR) entwickelt. Bei Fragen oder Problemen wenden Sie sich bitte
an den Verlag unter folgender E-Mail-Adresse: gpsr@paul-pietsch-verlage.de

ISBN: 978-3-613-04585-9

1. Auflage 2025

Sie finden uns im Internet unter www.motorbuch-verlag.de

Lektorat: Martin Gollnick
Innengestaltung: grafik+design Kornelia Erlewein
Druck und Bindung: Conzella, 85609 Aschheim-Dornach
Printed in Germany

Inhaltsverzeichnis

Jan Melin (links) und Dr. Harry Niemann.

Jan Melin über den Charme und die Faszination der Achtzylinder-Kompressor-Modelle von Mercedes-Benz ...

Vorwort

Es war Jan Melin, der sich literarisch als Erster ausführlich mit den Achtzylinder-Kompressor-Modellen von Mercedes-Benz beschäftigte.[1] Er verstand es wie kein Zweiter, den Charme dieser Fahrzeuge und die Faszination, die von ihnen ausgeht, dem Leser näherzubringen. In seiner Danksagung zu seinem zweiten Buch aus dem Jahr 2003 schrieb er: *»Regarding Daimler-Benz (nowadays DaimlerChrysler) we have moreover during the past years got extremly valuable help from Dr. Harry Niemann, head of DaimlerChrysler Konzernarchiv and his colleagues.«*[2]

Diesen Dank kann ich heute zurückgeben, denn vieles an Grundlagenarbeit zu den Achtzylinder-Kompressor-Modellen hat Melin geleistet, weshalb ihm dieses Buch gewidmet sei, das sich mit den Mercedes-Benz-Kompressor-Stromlinienfahrzeugen beschäftigt und auf eine bisher unentdeckte Ikone fokussiert, die einen hohen Stellenwert in der Mercedes-Benz-Motorsportgeschichte einnimmt: Der Mercedes-Benz 500 K Stromlinienwagen, der für die »2000-km-Fahrt durch Deutschland« als Einzelstück gebaut worden war, tauchte als Cabriolet A wieder auf, und was lag näher, als dieses Fahrzeug wieder in den Originalzustand zurückzuversetzen, in dem es 1934 an besagter Fahrt teilgenommen hatte.

Ähnlich wie bei experimentalarchäologischen Versuchen galt es auch bei diesem Vorhaben, die Arbeiten messbar und nachvollziehbar durchzuführen und entsprechend zu dokumentieren. Mercedes-Benz hatte bereits zwei ähnliche Projekte mit dem von Koenig-Fachsenfeld im Jahr 1932 konstruierten Mercedes-Benz SSKL mit Stromlinienkarosserie und mit dem 540 K Stromlinienwagen von 1938 realisiert. In der Presseerklärung von 2014 zu letzterem Projekt ließ das Unternehmen verlauten: *»Mercedes-Benz Classic baut das Fahrzeug im Rahmen eines höchst anspruchsvollen und aufwendigen Restaurierungsprojekts absolut originalgetreu wieder auf ... Verwendet werden dabei zeitgenössische Techniken, Methoden und Materialien. Die Spurensuche auch mit Hilfe der Archive bringt wichtige Unterlagen zutage, und am Ende steht ein spektakuläres Unikat. Es präsentiert sich heute so, wie es 1938 in der Öffentlichkeit stand: Ein Bote aus der Zukunft, dem man mit seiner Stromlinienkarosserie hohe Fahrgeschwindigkeiten und Leistungswerte schon im Stand abnimmt.«*[3]

Mit dem gleichen Ansinnen widmete man sich nun auch dem 500 K Stromlinienwagen. Als Goldmedaillengewinner mit der höchsten je bei dieser Fernfahrt gefahrenen Durchschnittsgeschwindigkeit von 91 km/h ist der 500 K Stromlinienwagen – neben dem Stromlinien-SSKL und dem Stromlinien-540-K von 1938 – einer der prägnantesten Vertreter der Stromlinien-Kompressorwagen von Mercedes-Benz und eine Ikone der Mercedes-Motorsportgeschichte. Ein Teil dieses Buches wird sich der Dokumentation dieses anspruchsvollen Rekonstruktionsunterfangens widmen, mit dem ein aus Fachexperten gebildetes Projektteam befasst war.[4]

1 Vgl. Melin, Jan: Mercedes-Benz. The Supercharged 8-Cylinder Cars oft he 1930s, Volume 1, Gothenburg, Schweden, 1985. und Melin, Jan, Hernström, Sven: Mercedes-Benz. The Supercharged 8-Cylinder Cars oft the 1930s, Volume 2, Sparreholm, Schweden, 2003.

2 Ebenda, S. 4.

3 Mercedes-Benz Classic: Back to the future. Mercedes-Benz 540 K Stromlinienwagen: Seiner Zeit voraus, Pressemitteilung, Stuttgart, 2014, S. 1.

4 Die beteiligten Akteure dabei waren:
Projektleitung, Recherche Fahrzeughistorie und CAD Konstruktionen: Firma ORCA Restoration GmbH, Robert-Bosch-Str. 4, 71735 Eberdingen
Wiederaufbau der Karosserie: Fa. Drescher, Karosseriebau, Erlenbruck 11, 79856 Hinterzarten
Technik/Hauptkomponenten Motor/Hinterachse/Vorderachse/Getriebe/Lenkgetriebe: Historische Fahrzeugtechnik Beck (eine Abteilung der Kocher+Beck GmbH+Co KG mit Sitz in Pliezhausen)

Die Mercedes-Benz-Kompressorwagen der 20er- und 30er-Jahre

Die Mercedes-Benz- und Mercedes-Kompressorwagen gehören ohne Zweifel zu den faszinierendsten Modellen der Automobilgeschichte. Allein der Sound der Motoren unterscheidet sich eindrucksvoll von dem anderer Modelle. Jeder, der das Privileg hatte, einmal einen Kompressorwagen zu manövrieren, dürfte eine Erinnerung fürs Leben haben: Das keifende Sirren der in den Ladern verdichteten Luft geht durch Mark und Bein und führt zumindest bei dem Connaisseur zu einer Ganzkörper-Gänsehaut. Der Auftritt der Mercedes-Benz-Kompressorwagen macht deutlich, dass unter den imposanten Motorhauben rohe Kräfte walten – gebändigt durch ausgeklügelte Technik, verpackt in die schönsten und elegantesten Karosserien ihrer Zeit.

Die Kompressor-Technik und ihr Ursprung

Die Wurzeln der Kompressor-Technik reichen zurück bis ins Jahr 1860, als die amerikanischen Fabrikanten Francis und Philander Roots ein Patent für ein Gebläse anmeldeten. Prinzipiell funktioniert das Roots-Gebläse wie eine Zahnradpumpe. Doch anstelle der ineinandergreifenden Zahnräder fördern zwei gegenläufige Walzen mit 8-förmigen Querschnitten die Gase. Die Walzen arbeiten mit minimalem Spaltmaß in einem Gehäuse, dessen Innenraum im Prinzip aus zwei mit Abstand verbundenen Halbkreisen besteht.

Die Verdichtung der Gase geschieht durch den Förderdruck. Der Kompressor wird von der Kurbelwelle angetrieben und dreht sich in der Regel mit mehrfacher Motorumdrehungszahl. Wird ein solches Roots-Gebläse vor dem Vergaser als sogenannter Druck-Kompressor montiert, presst es bereits verdichtete Luft in den Vergaser, der sie mit Treibstoff anreichert. Vorteil gegenüber einem Vergaser *ohne* vorgeschalteten Kompressor: Das Roots-Gebläse erhöht durch die Vorkompression den Füllungsgrad der Zylinder – und mehr Füllung ergibt mehr Leistung.

In den Mercedes- und Mercedes-Benz-Serienautomobilen waren stets die besser zu wartenden Druckkompressoren eingebaut. Für den Renneinsatz wurden hingegen Saug-Kompressoren verwendet. Die Saug-Kompressoren waren hinter dem Vergaser montiert, arbeiteten aber nach dem gleichen Prinzip: der Saug-Kompressor komprimiert als »nasser« Lader das Benzin-Luft-Gemisch.

A = Kompressor eingeschaltet
B = Kompressor ausgeschaltet

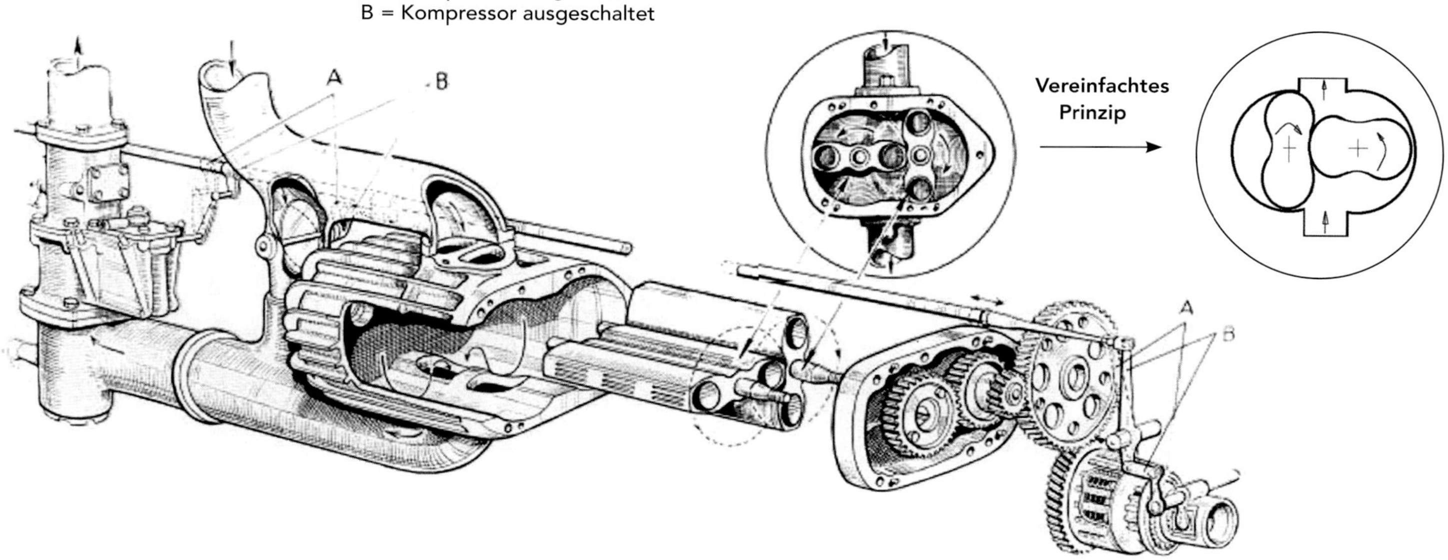

Aufbau des Kompressors, hier am Beispiel des Mercedes-Benz 500 K.

Produktionsstraße bei der Daimler-Motoren-Gesellschaft.

Erster für die Serienfertigung vorgesehener 260-PS-Flugmotor mit Kompressor von 1918.

Die Daimler-Motoren-Gesellschaft – Vorgängerunternehmen der Daimler-Benz AG – setzte die Kompressor-Technik erstmals im Flugmotorenbau ein. Um dem Leistungsabfall der Flugmotoren in größeren Höhen zu begegnen, verwendete die Daimler-Motoren-Gesellschaft mechanische Luftverdichter, mit denen die nötige Aufladung erreicht wurde – und damit zugleich eine stabile Leistung der Flugmotoren.

Initiator war Paul Daimler, Sohn von Gottlieb Daimler. Allerdings lag eine brauchbare Lösung erst im Jahre 1918 vor, also erst kurz vor dem Ende des Ersten Weltkriegs. Der Versailler Vertrag aus dem Jahr 1919 machte dann mit seinen Restriktionen dem Flugmotorenbau im Deutschen Reich de facto ein Ende. So lag es nahe, die bei der Kompressorentwicklung gewonnenen Erkenntnisse nun für den Personenwagenbau zu nutzen. Paul Daimler schrieb im Rückblick zu dieser Entwicklung:

»Erst in den Anfangszeiten des Krieges, in denen ich die Umstellung der damals technisch von mir geleiteten Daimler-Motoren-Gesellschaft ausschließlich auf Flugmotoren veranlasste, griff ich auf die Idee der damals bereits vor 30 Jahren bewährten Überladung meines Vaters zurück und stellte der Versuchsanstalt der DMG die Aufgabe, die Überladung für die Leistungssteigerung der Flugmotoren zu bearbeiten. Eingehende Versuche mit Kolbengebläsen und Schaufelgebläsen (Wittig-Gebläse) führten zur Verwendung des Rootsgebläses und zu einer Leistungssteigerung von 50 %, was einer Gleichhaltung der normalen Bodenleistung bis zu einer Flughöhe von 6000 m entspricht. Die Photographie der Abbildung 2, die am 19. November 1917 aufgenommen wurde, zeigt als geschichtliches Dokument den versuchsweisen Zusammenbau zwischen einem 160-PS-Daimler-Flugmotor und einem in Leichtmetall ausgeführten Wittig-Gebläse zur Feststellung des betrieblichen Verhaltens und der Leistungssteigerung. Abbildung 3 zeigt den Einbau der Anlage für die Flugversuche im damaligen Flugzeugwerk der IMG in Sindelfingen im Februar 1918. Die von mir parallel hierzu veranlassten Entwicklungsarbeiten entschieden für den Serienbau der 260-PS-Überladungs-Flugmotoren die Anwendung des Rootsgebläses, dessen nachträglicher Anbau an diese Motortype durch die Abbildung 4 vom 4. Oktober wiedergegeben ist. Nach dem unbestreitbaren Erfolg der Überladung des Flugmotors war die Anwendung bei dem anderen hochbeanspruchten Kampfmittel, dem U-Boot mit Antrieb durch Schwerölmotoren, naheliegend. Ich ließ daher bereits Anfang 1918 im Werk Untertürkheim

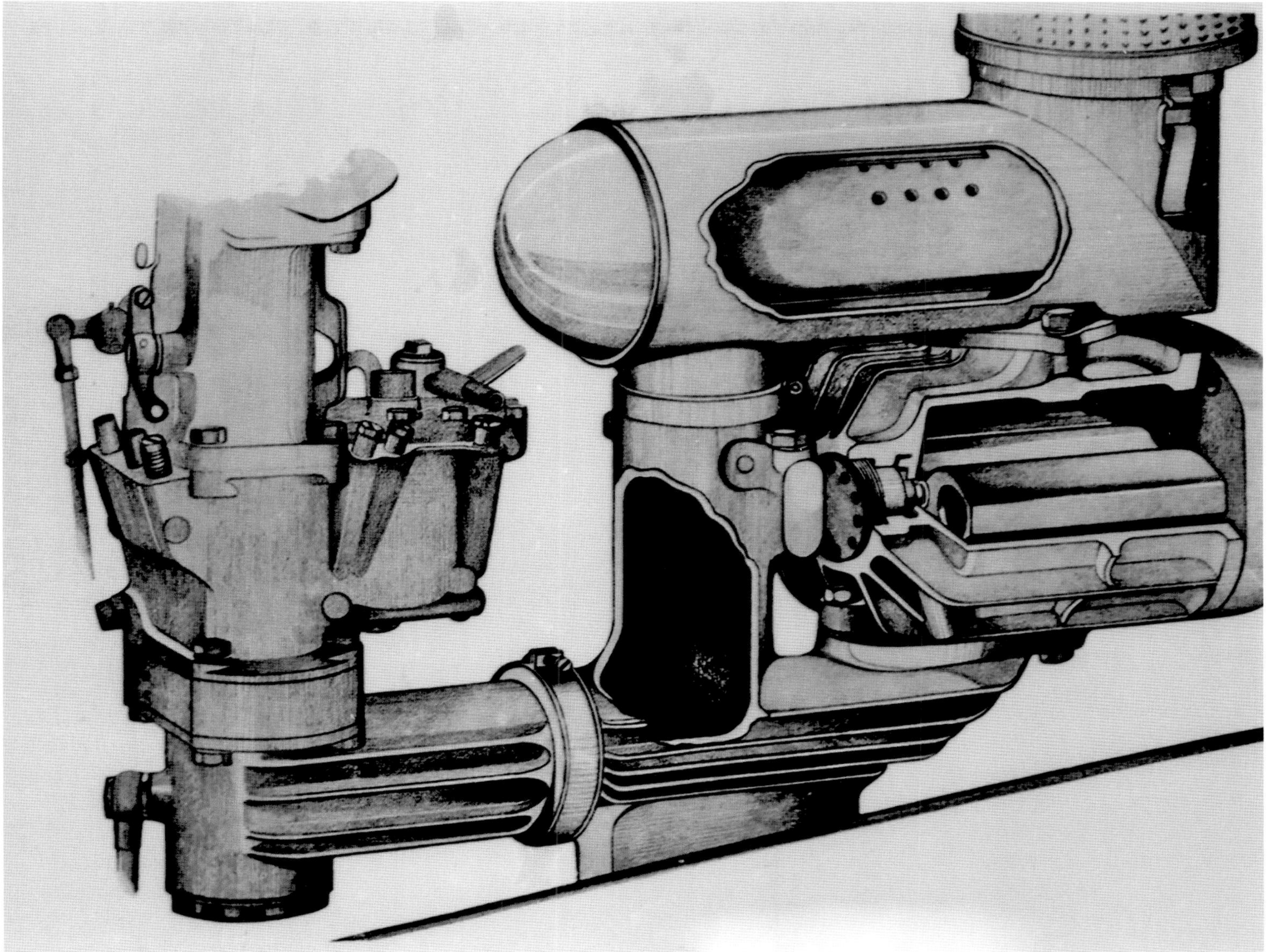

Weiterentwickelte Kompressortechnik: ein Druckkompressor an einem 540 K.

und Marienfelde, welch letzteres den Bau der U-Bootsmotoren durchführte, im Zeichen des Hindenburg-Programms die Versuche mit Überladung in Angriff nehmen, wofür die Versuchsanstalt in Untertürkheim das in Abbildung 5 dargestellte Gebläseaggregat lieferte. Die gesamte Versuchsanlage in Marienfelde, welche die überraschende Leistungssteigerung der Schwerölmotoren in Höhe von reichlich 100 % ergab, wurde der Marineverwaltung im Herbst 1918 vorgeführt.

Das tragische Ende des Weltkriegs setzte diesen Arbeiten ein plötzliches Ende, nicht aber der Verfolgung und Verwertung der grundsätzlich bereits bewährten Idee: Die Überladung wurde jetzt, fußend auf den bisherigen Erfahrungen und Ergebnissen, auf meine Veranlassung auf den Fahrzeugbau übertragen.«[5]

5 Daimler, Paul: »Der Kompressor. Ein Beitrag zu seiner Entstehung«. In: »Motorschau«, Januar 1939.

Die ersten Mercedes-Kompressorwagen auf der Berliner Automobilausstellung 1921

Paul Daimler bei einer Probefahrt im neuen Kompressor-Mercedes.

Erfolgreich zum Einsatz kam der Kompressormotor bei den ersten beiden nach dem Krieg neu konstruierten Motoren. Der Öffentlichkeit vorgestellt wurden diese beiden Typen auf der Berliner Automobilausstellung im September 1921, allerdings noch als Mercedes 10/35 PS und Mercedes 6/20 PS. Diese beiden Vierzylinder-Motoren haben einen Hubraum von 1,6 bzw. 2,6 Litern. Die Serienproduktion lief im Frühjahr 1923 an, und ab 1924 kam der Leistungszuwachs durch das Gebläse dann auch in einer erweiterten Typenbezeichnung zum Ausdruck. Aus dem Mercedes 10/35 PS wurde der Mercedes 10/40/65 PS und aus dem Mercedes 6/20 PS der Mercedes 6/25/40 PS. Neben den üblichen Angaben – Steuer-PS an erster Stelle und Motorleistung an zweiter Stelle – war nun als dritte Zahl die Leistung mit eingeschaltetem Kompressor angegeben. Die sehr aufwändige Technik hatte jedoch ihren Preis. Die Mercedes Kompressorwagen von Paul Daimler verkauften sich daher, in einer konjunkturell ohnehin schwierigen Zeit, nur in bescheidenen Stückzahlen.

Mercedes 10/40/65 PS.

Mercedes 10/35 PS.

Der junge Paul Daimler im Fahreranzug.

Im Jahre 1922 verließ Paul Daimler das von seinem Vater gegründete Unternehmen[6] – unter anderem, weil er die Produktion von Achtzylinder-Motoren nicht durchsetzen konnte – und ging zu der Firma Argus-Motoren-Gesellschaft als Horch-Konstruktionschef. Nachfolger von Paul Daimler bei der Daimler-Motoren-Gesellschaft wurde Ferdinand Porsche, der als Technischer Direktor grundsätzlich an der Kompressor-Technik festhielt.

6 Vgl. Niemann, Harry: Paul Daimler, König des Kompressors, Stuttgart 2020.

Paul Daimler im Achtzylinder-Horch.

Die ersten Kompressorwagen von Ferdinand Porsche

Ferdinand Porsche (rechts) zusammen mit Alfred Neubauer.

Ferdinand Porsche hatte Paul Daimler schon einmal abgelöst, und zwar bei der Vorgängergesellschaft von Austro-Daimler, der Österreichischen Daimler-Motoren-Gesellschaft mbH in Wiener Neustadt. Was man damals bei der DMG nicht wusste: Auch Porsches Entwicklungsschwerpunkte lagen eher bei großen und teuren als bei kleinen und preisgünstigen Automobilen.

So behielt Porsche Daimlers Linie bei, den Kompressor zur Leistungssteigerung einzusetzen. Erstes Ergebnis war der bei der Targa Florio 1924 siegreiche Mercedes mit Zweiliter-Kompressormotor, als Anerkennung dafür verlieh die Technische Hochschule (TH) Stuttgart Ferdinand Porsche 1924 die Würde eines Dr.-Ing. ehrenhalber. Die ersten Konstruktionen von Porsche für die Daimler-Motoren-Gesellschaft waren die Sechszylinder-Modelle Mercedes 15/70/100 PS und Mercedes 24/100/140 PS, die beide 1924 auf den Markt kamen. Aufgrund der Roots-Kompressoren gehörten diese Modelle zu den leistungsstärksten Serienautomobilen ihrer Zeit.

Werbeanzeige der Daimler-Benz-AG: »Der Wagen der großen Klasse«. Abgebildet ist eine 630-Pullman-Limousine 24/100/140 PS.

Mercedes-Benz Typ 630, Modell K, 24/110/160 PS, Torpedo-Cabriolet, Bauzeit 1926 bis 1930.

Auch im Rennsport erfolgreich: Philipp Graf von Berckheim wird 1926 beim Internationalen Semmering-Rennen auf einem Mercedes-Benz Modell K Zweiter in der Klasse Tourenwagen bis acht Liter.

Übertroffen wurden sie ab 1926 von dem Modell K, auch als 630 K bezeichnet. Die beiden Vorgängertypen blieben nach der Fusion der Firmen Benz und Daimler anno 1926 zwar im Programm, doch der K war die sportlichere Variante und mit einer Höchstgeschwindigkeit von rund 145 km/h der schnellste Serien-Personenwagen seiner Zeit. Im Gegensatz zu den Achtzylinder-Kompressor-Modellen von Mercedes-Benz ab 1934 steht das K in der Typenbezeichnung des 630 übrigens nicht für die Kompressor-Bestückung, sondern weist als Kürzel für »kurz« auf den um 350 Millimeter gekürzten Radstand hin. Die Kompressormodelle der frühen Jahre waren jedoch nur zaghafte Vorübungen für das, was Daimler-Benz danach auf die Räder stellte: die Typen S, SS, SSK und SSKL.

Modell K als schnellster Serien-Personenwagen seiner Zeit.

Die S-Typen

Der Mercedes-Benz Typ SS erlebt seine offizielle Premiere beim Großen Preis von Deutschland am 15. Juli 1928 auf dem Nürburgring. Trotz seines gegenüber dem Typ S stärkeren Motors erfüllt der Typ SS eher die Rolle eines Gran Tourismo im heutigen Sinne. Unterstrichen wird dies auch durch die luxuriösere Karosserieauswahl, die zwei- und viersitzige Cabriolets im Angebot führt.

Entwickelt wurden die legendären Kompressor-Sportwagen S, SS, SSK und SSKL zuallererst für den Rennsport. Anfang 1927 wurde mit dem Typ S – das »S« stand für »Sport« – ein neuer leistungsfähiger Sportwagen geschaffen. Ausgehend vom Fahrgestell des 160 PS starken Modells K, dessen äußere Abmessungen man übernahm, wurde ein neues Chassis entwickelt. Der riesige Sechszylinder-Reihenmotor wanderte 30 Zentimeter nach hinten und ließ sich so noch tiefer einbauen. Dies optimierte die Achslastverteilung und den Fahrzeugschwerpunkt. Selbst der Spitzkühler wurde um eine Kühlerlamellen-Reihe erleichtert, um das Fahrzeug niedriger und damit stromlinienförmiger zu machen.

Der Sport-Viersitzer wurde aber auch an »normale« Kunden ausgeliefert, wenn sie denn bereit waren, sehr stolze 30.000 Reichsmark dafür zu bezahlen: Bereits im April 1927 war der »Spezial-Sportwagen« offiziell ins Verkaufsprogramm aufgenommen worden. Ab Oktober wurden neben den Sport-Viersitzern auch »nackte« Fahrgestelle zum Aufbau bei externen Karosseriebauern angeboten. Der Preis fürs Chassis reduzierte sich auf auch nicht gerade bescheidene 26.000 Reichsmark.

1928 war man darangegangen, die Leistung weiter zu erhöhen. Mit der Umstellung auf nasse Zylinderlaufbuchsen war genügend Raum gewonnen, um die Bohrung zu erhöhen. Daraus resultierte ein Hubraum von 7,1 Litern. Diese Kompressorausführung stand ebenso wie die Renn-Nockenwelle auch Privatfahrern zur Verfügung. Das neue Aggregat war Mitte 1928 einsatzbereit und wurde in das S-Fahrgestell eingebaut – der so ausgestattete Rennsportwagen lief nun unter der Bezeichnung »Typ SS«. Nach zahlreichen Rennerfolgen wurde der SS im Oktober in das Verkaufsprogramm aufgenommen. Der Typ S, dessen Chassis-Produktion im September 1928 auslief, war noch bis Anfang 1930 in der Preisliste verzeichnet.

Zunächst gab es außer dem Fahrgestell (31.000 Reichsmark) zwar nur den Sport-Viersitzer (35.000 Reichsmark), Ende 1929 ergänzte jedoch ein viersitziges Spezial-Cabriolet C für 44.000 Reichsmark das Angebot. Im September 1932 kam ein zweisitziges Spezial-Cabriolet A (42.000 Reichsmark) hinzu, das auch als Roadster mit noch leichterem Verdeck zu haben war. Stets etwas zurückgesetzt war der Beifahrersitz. Der Typ SS entstand ab November 1928 in insgesamt wohl 111 Exemplaren, von denen der Löwenanteil mit 101 Einheiten bis Ende 1930 fertiggestellt worden sein dürfte. Bis September 1933 folgten weitere zehn Fahrzeuge. In den Preislisten war der SS bis Juli 1935 enthalten.

Vorläufiger Höhepunkt der Kompressor-Baureihe war der legendäre SSK – die Modellbezeichnung steht für »Super-Sport-Kurz«. Ferdinand Porsche hatte das Fahrzeug als eine seiner letzten Amtshandlungen Ende 1928 auf den Weg gebracht, bevor er bei der Daimler-Benz AG ausschied. Das Auto war in erster Linie für Bergrennen konzipiert worden. Dafür verkürzte man Mitte 1928 das Fahrgestell eines Typs S auf einen Radstand von 2950 mm, das Gewicht des Fahrzeugs reduzierte sich um rund 250 Kilogramm. Das kurze Chassis erhielt den 7,1-Liter-Motor, und der SSK war geboren.

SSK-Motor.

Mercedes-Benz SSK, Cabriolet A, Bauzeit 1928 bis 1932. Diese Karosserie stammt von Papler.

Nach spektakulären Rennsportsiegen Rudolf Caracciolas legte Mercedes-Benz eine Kleinserie dieser für den Renneinsatz konzipierten »Serienwagen« auf. Der SSK ergänzte im Oktober 1928 das Verkaufsprogramm. Von 1928 bis 1932 wurden wohl 33 Exemplare verkauft, wobei in dieser Zahl auch die SSKL-Typen enthalten sind. Im Gegensatz zum SS blieb der SSK nur bis Februar 1933 in der Preisliste.

International Tourist Trophy auf dem Ards-Rundkurs bei Belfast, 17. August 1929. Rudolf Caracciola (Startnummer 70) mit einem Mercedes-Benz Typ SS. Caracciola gewinnt in der Klasse bis acht Liter. Beste Zeit des Tages, Strecken- und Rundenrekord.

Im gleichen Rennen (ITT, 17. August 1929) passieren ein Arrol-Aster (Startnummer 60) und ein Lagonda (Startnummer 46) bei Dundonald Corner den Mercedes-Benz Typ SS mit der Startnummer 71, während Otto Merz seinen Kotflügel abmontiert. Merz belegt den zweiten Platz in der Klasse bis acht Liter.

Nicht alle Käufer hatten ihren SSK für den Sporteinsatz vorgesehen. Einige vermögende, sportlich orientierte Kunden ließen sich das ab Werk lieferbare Fahrgestell (29.000 Reichsmark) mit einem Cabriolet- oder Coupé-Aufbau versehen, um den SSK als schnellen Sportwagen auch im Alltagsbetrieb zu fahren. Obwohl der Kompressor-Bolide als eines der modernsten Hochleistungsautos seiner Ära galt, war seine Bedienung nicht ganz einfach: Bei allen Serienwagen der S-Reihe befand sich das Gaspedal in der Mitte, rechts die Bremse, links die Kupplung. Das riesige Holzlenkrad erforderte sehr kräftige Arme, die mechanisch betätigten Bremsen mussten ohne eine Servounterstützung auskommen – wie sie in der Vorgängerbaureihe noch eingesetzt worden war. Das Vierganggetriebe war selbstredend unsynchronisiert und bei den Sportausführungen relativ kurz übersetzt.

Das vierte und letzte Modell der S-Reihe war der SSKL (Super-Sport-Kurz-Leicht), ein reines Wettbewerbsfahrzeug, das 1931 nur in wenigen Exemplaren gebaut wurde und nicht im offiziellen Verkaufsprogramm enthalten war. Mit Magnesiumbauteilen und Erleichterungsbohrungen, die sich teilweise über den ganzen Rahmen erstreckten, hatte man das Gewicht um 125 kg reduziert. Offensichtlich wurden einige SSK nachträglich noch zu SSKL umgearbeitet. Der SSKL war auf jeden Fall der glanzvolle Höhepunkt der legendären S-Reihe.

Der Rennsportwagen SSKL 27/240/300 PS.

Die Achtzylinder-Kompressorwagen

Fahrgestell Mercedes-Benz Typ 380.

Zwei Exemplare des 380 Cabriolets B, beide Bauzeit 1933/1934.

Nachfolger der S-Typen war der Achtzylinder-Typ Mercedes-Benz 380, der entweder mit oder ohne Kompressor lieferbar war. Die Kompressor-Versionen waren im Übrigen anhand der Typenbezeichnungen nicht von den »normalen« Versionen zu unterscheiden. Insgesamt wurden 154 Einheiten des Mercedes-Benz 380 produziert.

Mercedes-Benz 500 K (W 29), zweitürige Limousine mit Fünfliter-Reihenachtzylinder-Kompressormotor M 24 mit 100/160 PS.

Im Jahre 1934 präsentierte die Daimler-Benz AG auf der Internationalen Automobil-Ausstellung in Berlin den Mercedes-Benz 500 Kompressor mit Fünfliter-Reihenachtzylinder M 24 und Roots-Gebläse mit 100/160 PS als Nachfolger des Typs 380. Hinsichtlich ihres Ranges in der Automobilgeschichte war der Mercedes-Benz 500 K (später: 540 K) allerdings eher Nachfolger der S-Typen. Aufgrund ihres Gewichtes eigneten sich die Achtzylinder-Kompressorwagen weniger für sportliche Großtaten, dafür aber umso mehr für komfortables und entspanntes Reisen mit hohen Geschwindigkeiten. Hinsichtlich der Konstruktion des Motors legte der Technische Direktor Hans Nibel größten Wert auf Laufruhe und sanft einsetzende, aber dennoch überlegene Kraft.

In puncto Karosserie optierten die meisten Käufer eines 500 K oder eines 540 K für eine Werkskarosserie, die in Sindelfingen hergestellt wurden. Nur wenige Fahrgestelle wurden von externen Karosseriebauern aufgebaut. Kein Wunder, zogen die Sindelfinger Karosseriebauer doch alle Register.

Die Karosserien waren von unübertroffener Eleganz, höchster Passgenauigkeit, Dauerhaftigkeit und bester Verarbeitung. Selbst ausgefallene Kundenwünsche wurden bedient – bis hin zu Schlangenlederbezügen für die Sitze. Alles war möglich.

MB 540 K Cabriolet B.

Mercedes-Benz 540 K Cabriolet A.

»Eleganz und purer Luxus«

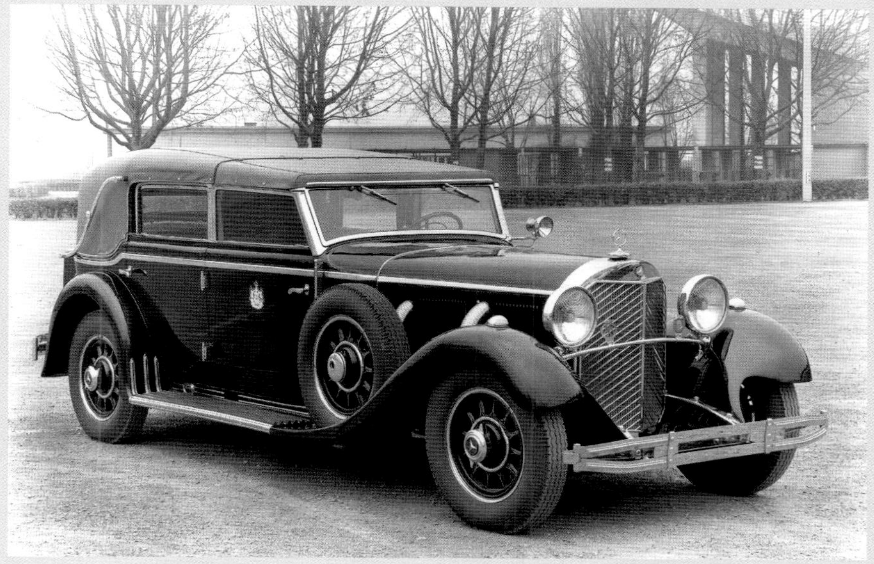

Rechts und unten: **Mercedes-Benz 770 Cabriolet D, 150/200 PS, Bauzeit 1930 bis 1938.**

Der Repräsentationswagen dieser Jahre schlechthin war allerdings der Typ 770 (W 07). Der erste »Große Mercedes« wurde im Jahr 1930 fertig gestellt. Angeboten wurde der Mercedes-Benz Typ »Großer Mercedes« anfangs mit und ohne Kompressor. Exakt 150 PS leistete der 7,7 Liter große Achtzylinder-Reihenmotor ohne Kompressor, 200 PS waren es, wenn in der Vollgasstellung der Roots-Luftverdichter zugeschaltet wurde.

Trotz der freien Wahlmöglichkeit orderten von insgesamt 117 gutbetuchten Kunden des neuen Luxuswagens nur 13 Besteller einen »Großen Mercedes« ohne Kompressor, 1936 fiel diese Variante daher ganz aus dem Programm. Die Preisersparnis betrug lediglich 3.000 Reichsmark bei einem Gesamtpreis von sehr selbstbewussten 41.000 Reichsmark für eine Pullman-Limousine.

Die betont konservative Auslegung des 5,60 Meter langen, hoch aufragenden »Großen Mercedes« – mit Trittbrettern, Ersatzrädern links und rechts vom Motor, steil im Wind stehendem Spitz-Kühler und hinten aufgesetztem Kofferraum – wurde von der Fachwelt anfangs recht zurückhaltend aufgenommen. Doch je länger das große Automobil auf dem Markt war, desto mehr Anerkennung und Akzeptanz wurden ihm zuteil.

Der »Große Mercedes« blieb in dieser Form von 1930 bis 1938 im Programm. Wer es sich leisten konnte, orderte das Fahrgestell für 32.500 Reichsmark, um sich eine eigene Karosserie-Kreation darauf aufbauen zu lassen. Ab Werk ausgeliefert wurde das Auto als Pullman-Limousine, ab September 1932 auch als sechssitziger Tourenwagen (42.000 Reichsmark) und als Cabriolet C mit zwei Fenstern (44.500 Reichsmark). Einheitlich 47.500 Reichsmark kosteten das Cabriolet B mit vier Fenstern, das Cabriolet D mit vier Türen und das Cabriolet F mit vier Türen und sechs Sitzplätzen. Häufigste Karosserievariante war die Pullman-Limousine (42 Stück), gefolgt vom offenen Tourenwagen (26 Exemplare). Immerhin 19 »Große Mercedes« wurden als Fahrgestell ausgeliefert, 18 als Cabriolet D. Die übrigen Fahrzeuge verteilen sich auf die Cabriolet-Varianten C, B und F.

»Großer Mercedes« 770 Cabriolet D, Bauzeit 1930 bis 1938.

Mercedes-Benz 770 Cabriolet F, 150/200 PS, Bauzeit 1930 bis 1938.

Das letzte Exemplar des W 07 wurde im Oktober 1938 fertiggestellt. Parallel dazu begann die Serienproduktion des im Februar 1938 präsentierten, neu konstruierten Nachfolgemodells, das die gleiche magische Typenbezeichnung trug und werksintern W 150 genannt wurde. Im Gegensatz zum Vorgänger W 07 gab es den W 150 nur mit dem Kompressormotor. Die Motorkonstruktion des Vorgängers wurde im Prinzip beibehalten. Mit höherer Verdichtung und angehobener Drehzahl stieg die Leistung des großen Reihenachtzylinders von 200 auf 230 PS. Die Kraft wurde über ein Fünfgang-Getriebe auf die Hinterachse übertragen.

Im offiziellen Verkauf wurde der »Große Mercedes« als Pullman-Limousine, als Cabriolet D und F und als offener Tourenwagen angeboten. Von jeder dieser Karosserievarianten wurden einige Exemplare in gepanzerter Sonderausführung gebaut. Im Regierungsauftrag entstanden zwischen Juni 1943 und Juli 1944 noch zehn gepanzerte viertürige Limousinen.

Alle Karosserien des W 150 wurden im Werk Sindelfingen in Einzelanfertigung gebaut. Zuständig war die von der Serie abgetrennte Manufaktur, die damals »Abteilung Sonderwagenbau« hieß. Unter der Leitung von Hermann Ahrens entstanden diese Karosserien nach den individuellen Wünschen der jeweiligen Besteller. Viele Karosserien trugen die Handschrift Friedrich Geigers, der nach dem Krieg der erste Leiter der neu geschaffenen Abteilung Stilistik wurde.

Insgesamt entstanden 88 Exemplare des W 150, davon allein die Hälfte im Jahr 1939. Nach nur je einem Fahrzeug in den Jahren 1940 und 1941 wurden 1942/43 noch einmal 29 Fahrzeuge produziert, fast alle in gepanzerter Ausführung.

Mercedes-Benz Typ 770 (W 150) Pullman-Limousine, 155/230 PS.

Produktionsvolumina

Typ/ Type	PS-Typ/ PS-Type	Werkscode Works Code	Zylinder Cylinder	Bohrung x Hub (mm) Bore x Stroke (mm)	Hubraum (ccm) Capacity (ccm)	Leistung (PS)* Output (PS)*	Bauzeit Construction span	Stückzahl Number produced
6/20	6/25/40	–	4	68 x 108	1.568	40/3.200 (25/2.800)	1921/23 – 1925	ca. 250
10/35	10/40/65	–	4	80 x 130	2.614	65/2.800 (40/2.400)	1921/23 – 1924	
400	15/70/100	W 836	6	80 x 130	3.920	100/3.100 (70/2.800)	1924 – 1929	1.913
630	24/100/140	W 9456	6	94 x 150	6.240	140/3.100 (100/2.800)	1924 – 1929	1.080
Modell K	24/100/140	W 9456	6	94 x 150	6.240	140/3.100 (100/2.800)	1926 – 1928	150
Modell K	24/110/160	W9456 II	6	94 x 150	6.240	160/3.100 (110/2.800)	1928 – 1929	
Typ S	26/120/180	–	6	98 x 150	6.800	180/3.000 (120/3.000)	1927 – 1930	146
Typ SS	27/140/200	W 06	6	100 x 150	7.065	200/3.300 (140/3.300)	1928 – 1930	
Typ SS	27/160/200	W 06	6	100 x 150	7.065	200/3.300 (160/3.300)	1930 – 1932	111
Typ SS	27/170/225	W 06	6	100 x 150	7.065	225/3.300 (170/3.300)	1928 – 1934	
Typ SSK	27/140/200	W 06 II	6	100 x 150	7.065	200/3.300 (140/3.300)	1928 – 1929	
Typ SSK	27/160/200	W 06 II	6	100 x 150	7.065	200/3.300 (160/3.300)	1929 – 1932	
Typ SSK	27/170/225	W 06 III	6	100 x 150	7.065	225/3.300 (170/3.300)	1928 – 1930	33
Typ SSK	27/180/250	WS 06	6	100 x 150	7.065	250/3.300 (180/3.300)	1929 – 1930	
Typ SSKL	27/240/300	W 06 RS	6	100 x 150	7.065	300/3.400 (240/3.400)	1929 – 1933	
Typ 770		W 07	8	95 x 135	7.665	200/2.800 (150/2.800)	1930 – 1938	117 **
Typ 770		W 150	8	95 x 135	7.665	230/3.200 (155/3.000)	1938 – 1943	88
380		W 22	8	78 x 100	3.823	120/3.400 (90/3.200)	1933 – 1934	
380		W 22	8	78 x 100	3.823	140/3.600 (90/3.200)	1933 – 1934	154 **
380		W 22	8	80 x 100	4.019	144/3.600 (90/3.200)	1933 – 1934	
500 K		W 29	8	86 x 108	5.018	160/3.400 (100/3.400)	1934 – 1936	354
540 K		W 29 + W 24	8	86 x 111	5.401	180/3.400 (115/3.400)	1936 – 1939	406

* PS-Angabe gilt für zugeschalteten Kompressor, PS-Angaben in Klammern: ohne Kompressor-Einsatz
** alle Motor-Varianten (auch ohne Kompressor)

* Without compressor, figures in brackets with compressor
** Production figures include models without supercharged engines

Der Tabelle können die Produktionsvolumina der Mercedes- und Mercedes-Benz-Kompressortypen entnommen werden. Allerdings ist hier zu berücksichtigen, dass es anhand der Quellen – d.h. im Wesentlichen anhand der sogenannten Kommissionsbücher – in vielen Fällen nicht mehr möglich ist, die exakten Stückzahlen zu bestimmen. Dies liegt vor allem daran, dass bisweilen in bestehende Fahrgestelle, die teilweise auch verkürzt wurden (SSK), neue Motoren eingebaut wurden.

Dies trifft wohl auch für den legendären Mercedes-Benz SSKL zu. Hier kommt noch hinzu, dass die Typenbezeichnung SSKL seinerzeit nicht üblich war. In den Kommissionsbüchern sind die für den Werkseinsatz gebauten SSKL-Fahrzeuge als »SSK, Modell 1931« eingetragen, und in den offiziellen Quellen der Jahre 1931/1932 wird auch die gewichtserleichterte Version stets SSK genannt. Einige Presseberichte des Jahres 1932 verwenden jedoch die heute allgemein gebräuchliche Bezeichnung SSKL. Kurzum: Die Stückzahl des SSKL lässt sich mit hinreichender Sicherheit ex post nicht mehr feststellen. Die Angaben der Produktionsstatistik dürfen darum nur als grobe Werte und nicht als unerschütterliche Fakten angesehen werden.

Prominenz

Ernes Merck mit Mercedes 6/25/40 PS Sport-Zweisitzer, Bauzeit 1921 bis 1924.

Jan Kiepura im MB SS.

Hans Stuck mit seinem SS A Cabriolet.

Unter den Käufern der Mercedes und Mercedes-Benz-Kompressorwagen waren besonders viele Prominente aus Adel, Politik, Wirtschaft und Show-Geschäft. Der Darmstädter Chemie-Tycoon Wilhelm Merck fuhr mit seinem SSK sogar einige Wettbewerbe. Auch seine Frau betätigte sich mit ihrem Mercedes-Benz S bei vielen Rennen. Gustav Stresemann wurde als Außenminister in einem 24/100/140 PS chauffiert. Auch Reichspräsident Paul von Hindenburg nutzte für repräsentative Zwecke Kompressorwagen mit dem Stern.

Aus der Welt des Films wäre die englische Filmschauspielerin Lilian Harvey (»Die drei von der Tankstelle«) zu nennen, die von ihrem Mercedes-Benz SS schwärmte – sofern sie nicht gerade den Schauspieler Willi Fritsch anhimmelte oder Jan Kiepura im Spielfilm »Lied einer Nacht« von 1932.

Auch der Komponist Richard Strauss oder der Rennfahrer Hans Stuck ließen sich mit ihrem Kompressorwagen ablichten.

»Rennerfolge«

Bei der Targa Florio in Sizilien am 29. Mai 1921 gewann Max Sailer mit seinem Mercedes 28/95 PS die für den schnellsten Serienwagen bestimmte Coppa Florio. In der Gesamtwertung belegte er den zweiten Platz.

Die Faszination, welche die Mercedes- und Mercedes-Benz-Kompressortypen auslösten und immer noch auslösen, ist sicherlich ganz wesentlich ihrem Einsatz im Rennsport geschuldet. Gleich bei seinem ersten Renneinsatz gewinnt ein Mercedes 28/95 mit Kompressor bei der Targa Florio 1921 die Coppa Florio. Dieser Erfolg war nur der Auftakt für eine Reihe von Rennerfolgen der Mercedes- und Mercedes-Benz-Rennwagen.

Zwei Mercedes-Benz-Werkswagen vom Typ S beim Eröffnungsrennen auf dem Nürburgring am 19. Juni 1927.

Und als 1927 der erste Renneinsatz eines Typs S beim Nürburgring-Eröffnungsrennen mit einem Doppelsieg durch Rudolf Caracciola und Adolf Rosenberger endete, war das der Anfang einer nahezu ununterbrochenen Dominanz der Kompressor-Automobile aus Untertürkheim bis zum Zweiten Weltkrieg. Die mächtigen Kompressor-Sechszylinder der Mercedes-Benz S, SS, SSK und SSKL standen mit beharrlicher Regelmäßigkeit ganz oben in den Siegerlisten: Siege beim Großen Preis von Deutschland 1927, 1928 und 1931 und der bis heute einzige Gesamtsieg eines deutschen Fahrers bei der legendären Mille Miglia durch Rudolf Caracciola auf dem 300 PS starken SSKL anno 1931 sind Beweise der Kompressor-Überlegenheit.

Rudolf Caracciola und Wilhelm Sebastian beim Start zur Mille Miglia 1931 in Brescia. Während der Starter gerade die letzten Sekunden bis zum Start herunterzählt, verabschiedet sich Caracciolas Frau gerade von ihrem Mann, und Beifahrer Sebastian winkt zum Abschied.

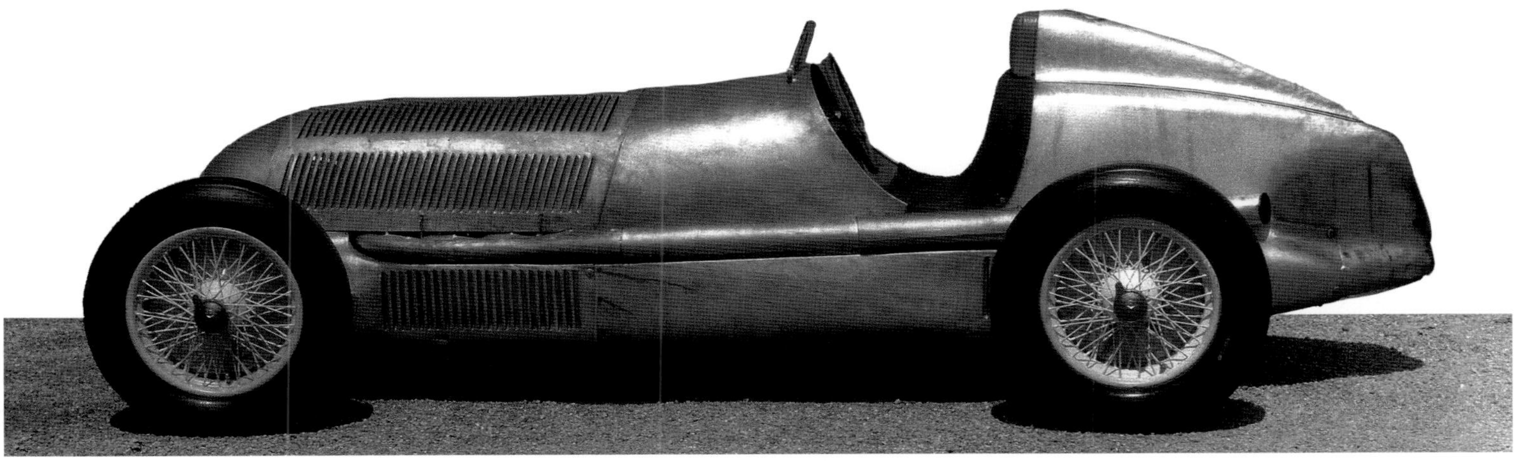

Dieser silberne Mercedes-Benz W 25 ist mit der nach hinten auslaufenden und aufgesetzten Kopfverkleidung ausgerüstet, die bei allen in Rennen eingesetzten Fahrzeugen obligatorisch ist. Die Ingenieure um Hans Nibel, Leiter des Hauptkonstruktionsbüros, entwickeln unter Zeitdruck den neuen Monoposto.

Die Mercedes-Benz Kompressor-Rennwagen W 25, W 125, W 154 und W 165 dominierten die Grand-Prix-Rennen – bis auf die des Jahres 1936 – nach Belieben: Die Europameisterschaften der Jahre 1935, 1937, 1938 und 1939 konnten Mercedes-Benz-Werksfahrer für sich verbuchen.[7]

»Silberner Sieger«

7 Vgl. Engelen, Günter: Mercedes-Benz Renn- und Sportwagen seit 1894, Stuttgart 2011, S, 144–174.

W 25 von 1934 ohne Kopfverkleidung

Der W 154 aus dem Mercedes-Benz-Museum. Das Fahrzeug weist nach dem Zweiten Weltkrieg eine geänderte Gestaltung des Bugs und der Kühleröffnung auf.

Marktwert

Durchsichtzeichnung eines W 125, 1937.

Die kleinen Produktionsvolumina machen die Mercedes- und Mercedes-Benz-Kompressorwagen zu exklusiven Sammlerstücken für nur wenige privilegierte Enthusiasten. Deshalb sind sie auch bei Oldtimer-Auktionen stets umkämpfte Stars. Ein Mercedes-Benz 540 K Cabriolet A fand Anfang 2007 auf der Rétromobile in Paris für 1,22 Millionen Euro einen Käufer. Im Rahmen des Goodwood Revival Sale wurde 2004 ein Mercedes-Benz SSK für 7,4 Millionen Dollar versteigert. Kurzum: Die Mercedes-Benz-Kompressormodelle gehören zu jenen Fahrzeugen, die auf Auktionen Höchstpreise erzielen.

Mercedes-Benz 1,5-l-Formel-Rennwagen W 165, 1939.

Technische Daten S, SS und SSK

	S 26/120/180 PS	SS 27/170/225 PS	SSK 27/140/200 PS, ab 1929: SSK 27/160/200 PS
Konstruktionsbezeichnung	W 06	W 06	W 06 II
Produktionszeitraum	1927–1928	1928–1933	1928–1932
Motor			
Arbeitsverfahren	Viertakt-Otto (Vergasermotor mit zuschaltbarem Roots-Kompressor)		
Anordnung im Fahrzeug	vorn, längs, stehend		
Motor-Typ / -Baumuster	k.A.	M 06	M 06
Zylinderzahl/-anordnung	6/Reihe		
Bohrung x Hub	98 x 150 mm	100 x 150 mm	
Gesamthubraum	6800 ccm (nach Steuerformel 6740 ccm)	7065 ccm (nach Steuerformel 7020 ccm)	
Verdichtungsverhältnis	4,7	6,2	5,2
Kurbelwellenlager	4		
Leistung / bei	120 PS, mit Kompressor 180 PS / 3000/min	170 PS, mit Kompressor 225 PS / 3300/min	140 PS, ab 1929 160 PS; mit Kompressor 200 PS / 3300/min
Drehmoment / bei	44 mkg / 1850/min	46,2 mkg / 1900/min	45,9 mkg / 1920 /min
Ventilanordnung / -anzahl	1 Einlass, 1 Auslass / senkrecht hängend		
Ventilsteuerung	1 obenliegende Nockenwelle		
Nockenwellenantrieb	über Königswelle und Schraubenräder		
Gemischbildung	2 Mercedes-Benz Steigstrom-Ringschwimmer-Vergaser		
Kühlung	Wasserkühlung / Pumpe; 24 l Wasser		
Schmierung	Druckumlauf-Schmierung / 8 l Öl		
Elektr. Anlage	12 V		
Batterie	60 Ah		
Generator	130 W		
Anlasser	elektrisch, 1,2 PS	elektrisch, 1,2 oder 1,5 PS	elektrisch, 1,5 PS
Zündung	Doppelzündung (Magnet- und Batteriezündung); 2 Zündkerzen je Zylinder		
Kraftstofftank	im Heck, 120 l		
Fahrwerk & Kraftübertragung			
Rahmenausführung	U-Profil-Pressstahl-Rahmen		
Radaufhängung vorne	Starrachse		
Radaufhängung hinten	Starrachse		
Federung vorne	Halbfedern		
Federung hinten	Underslung-Halbfedern		
Lenkung	Schraubenspindel, links oder rechts		
Bremsanlage (Fußbremse)	mechanisch, auf Vorder- und Hinterräder wirkend		
Feststellbremse (Handbremse)	mechanisch, auf Hinterräder wirkend		
Räder	Drahtspeichenräder		
Reifen	30 x 5,00 Hochdruck oder 6,50-20 Niederdruck	6,50 oder 7,00-20 Niederdruck	
Angetriebene Räder	Hinterräder		
Kraftübertragung	Kardanwelle		

	S 26/120/180 PS	SS 27/170/225 PS	SSK 27/140/200 PS, ab 1929: SSK 27/160/200 PS
Getriebe & Fahrleistungen			
Getriebe	4-Gang-Schaltgetriebe		
Schaltung	Schalthebel Wagenmitte		
Kupplung	Mehrscheiben-Trockenkupplung		
Getriebeart	Zahnrad-Wechselgetriebe		
Getriebe-Übersetzung	I. 3,15; II. 1,81; III. 1,21; IV. 1,0	I. 2,75; II. 1,55; III. 1,12; IV. 1,0	
Achsantriebsübersetzung	2,76, 2,50 oder 3,09	2,48 oder 2,55	2,76, 2,50 oder 3,09
Höchstgeschwindigkeit	170 km/h (Hinterachse 2,76)	190 km/h (Hinterachse 2,48)	180 km/h (Hinterachse 2,76) bzw. 185 km/h (Hinterachse 2,50)
Kraftstoffverbrauch	26 l	27 l	
Abmessungen & Gewichte			
Radstand	3400 mm		2950 mm
Spur vorne/hinten	1425/1425 mm		
Länge	4700–5000 mm	4700–5200 mm	4250 mm
Breite	1700 mm		
Höhe	1800 mm	1750 mm	1725 mm
Kleinster Wendekreis	14,5 m		13,5 m
Gewicht des Fahrgestells	1450 kg	1500 kg	1400 kg
Leergewicht	Tourenwagen 1900 kg; Cabriolet 2000 kg	Tourenwagen 2000 kg; Cabriolet 2100 kg	1700 kg
Zul. Gesamtgewicht	Tourenwagen 2500 kg; Cabriolet 2600 kg		2000 kg
Allgemeine Daten			
Stückzahl	146	111 (alle Motorvarianten)	33 (Typ SSK und SSKL, alle Motor-varianten)
Preise	Fahrgestell RM 26.000,- Sport-Viersitzer RM 30.000,-	Fahrgestell RM 31.000,- Sport-Viersitzer RM 35.000,- Cabriolet A RM 42.000,- Cabriolet C RM 44.000,-	Fahrgestell RM 29.000,- Sport-Zweisitzer RM 33.000,-
Es gab zudem ab 1931 mit dem W 06 RS eine Rennsportvariante, den SSKL mit 27/240/300 PS, der mit permanent zugeschaltetem Kompressor eine Spitzengeschwindigkeit von 235 km/h erreichte. Auch die normalen SSK-Varianten erfuhren Leistungssteigerungen, so beim W 06 III 27/170/225 PS und beim WS 06 mit 27/180/250 PS.			

Die S-Modelle

Der W 06: Bis heute das Urbild aller Kompressor-Mercedes

Mercedes-Benz SSK.

Werbeplakat von Mercedes-Benz.

Standesgemäß kam dieses Automobil in den Roaring Twenties zur Welt, und zwar just in jenem Jahr, in dem Gershwin mit seiner »Rhapsodie in blue« in New York seinen Durchbruch als Komponist feierte. Freilich produzierte die Sportwagenbaureihe W 06 mit den markanten Bezeichnungen S (für Sport), SS (Super-Sport), SSK (Super-Sport-Kurz) und SSKL (Super-Sport-Kurz-Leicht) gänzlich andere Töne, bei den Automobilisten der damaligen Zeit lösten sie allerdings durchaus ähnlich euphorische Gefühle aus. Wie der Bubikopf wurde die S-Baureihe von Mercedes-Benz zum Symbol einer Epoche, die nach den entbehrungsreichen Nachkriegsjahren nur noch eines wollte, nämlich leben, und das möglichst flott und beschwingt.

Während in Amerika schon der zehnmillionste Ford vom Fließband rollte, wurden die Autos in Stuttgart noch in bewährter Handwerksmanier montiert. Ferdinand Porsche, seit 1924 Chefkonstrukteur bei der Daimler-Motoren-Gesellschaft, entwickelte 1926 aus dem Typ 630 einem imposanten Tourenwagen mit 4- und 6,3-Liter-Motor, die Sportwagenbaureihe W 06. Renn- und Sportwagen faszinierten den von Austro-Daimler nach Stuttgart gekommenen Porsche mehr als die Brot-und-Butter-Autos seiner Zeit, die man bei Daimler-Benz, wie das Unternehmen seit der Fusion zwischen Benz & Cie und der Daimler-Motoren-Gesellschaft 1926 hieß, allerdings dringend benötigte.

Dies führte dazu, dass man sich 1928 wieder von Porsche trennte. Nicht aber von dem Fahrzeug, das zum Inbegriff einer Sportwagenikone werden sollte und bis 1932 weitergebaut wurde – wenn auch nur in der sehr bescheidenen Größenordnung von insgesamt 374 Exemplaren. Was natürlich nicht wenig zur Exklusivität beitrug.

Eigentlich hatte die Welt damals ganz andere Sorgen, als Rennen zu veranstalten und tolle Sportwagen zu bauen, aber bekanntlich haben Träume gerade in schwierigen Zeiten Konjunktur. Willy Forst, der in der Reichshauptstadt als »Filmkünstler«, wie man damals noch sagte, Karriere gemacht hatte, sang »Du hast Glück

Lebensgefühl Luxus.

bei den Frau'n, Bel Ami« und fuhr offen im Mercedes SS Sportcabriolet durch Berlin. Der Hoch- und Geldadel tat ihm letzteres nach.

Dabei war der »weiße Elefant«, wie dieses Auto seiner Abmessungen wegen auch genannt wurde, alles andere als ein Pseudosportwagen zum Angeben. Wer den Wagen mittwochs in der Fabrik abholte und auf eigener Achse nach Monza fuhr, konnte am Wochenende, entsprechendes fahrerisches Talent vorausgesetzt, gegen eine Meute von Bugattis, Amilcars, Talbots, Bentleys und NAGs den Goldpokal bei Sportwagenrennen gewinnen. Bis zu 300 PS leisteten die Mercedes-Kompressorwagen, das reichte für eine Spitze von 235 km/h. Rudolf Caracciola, der 2001 seinen 100sten Geburtstag gefeiert hätte (die Stadt Remagen hatte ihm zu diesem Anlass ein schönes Denkmal gewidmet), gewann mit dem SSKL, dessen Rahmen durch auffällige Bohrungen erleichtert worden war, 1931 als erster Deutscher die legendäre Mille Miglia. Dabei erreichte er auf den einzelnen Etappen, die über Landstraßen gingen, Durchschnittsgeschwindigkeiten von über 155 km/h.

Begonnen hatte die Entwicklung des Sechszylinder-Wagens mit dem 26/120/180, so die Typenbezeichnung. Die Zahlen gaben die unterschiedlichen Pferdestärken an. Die bescheidene 26 stand für die Steuer-PS, die 120 für die PS-Leistung im Saugmotorenbetrieb und die 180 für die Maximalleistung, wenn der Kompressor einsetzte. Das Roots-Gebläse wurde bei Bedarf über eine Kupplung zugeschaltet. Trat der Fahrer das Gaspedal zum Bodenblech durch, kuppelte er damit den Kompressor ein, und unter infernalischem Kreischen wurden alle verfügbaren Leistungsreserven mobilisiert. Das reichte dann, wenn der Fahrer Caracciola hieß, um beispielsweise das Eröffnungsrennen auf dem Nürburgring 1927 zu gewinnen.

Viele Sportgrößen der damaligen Zeit waren standesgemäß im Mercedes der Baureihe W 06 unterwegs. Sir Henry Cotton, englisches Golf-Idol und damals ähnlich populär wie heute Tiger Woods, fuhr ihn ebenso wie Rudolf Caracciola, der diesem Modell auch abseits der Rennstrecke frönte. 42.000 Reichsmark kostete dieses Vergnügen und setzte, unabhängig von der jeweiligen Sportart, entsprechend kommerziell verwertbare Erfolge voraus. In seinem Mercedes-Benz SS A Cabriolet, das gut war für eine Höchstgeschwindigkeit von 190 km/h, nahm »Caratsch« auch einmal einen jungen Mann mit. Dieser hatte sich seelisch und moralisch auf eine Geschwindigkeitsorgie eingerichtet und war ganz erstaunt, als der berühmte Rennfahrer lediglich mit konstant 100 km/h über die Autobahn fuhr. »Können Sie nicht schneller?« fragte er verwundert, worauf Caracciola antwortete: »Ich schon, aber die anderen nicht«.

Wer heute eine solche Sportwagenlegende sein eigen nennen will, muss neben einem gut gefüllten Bankkonto auch über entsprechende Beziehungen verfügen. Zwischen sieben und zehn Millionen Mark gilt es zu bezahlen, wenn denn überhaupt ein entsprechendes Verkaufsangebot vorliegt. Und bei all dem vielen Geld bleibt dann doch immer noch der nagende Zweifel daran, dass der gekaufte SSK nun auch wirklich, wie vom Verkäufer hoch und heilig versprochen, ein echtes Exemplar ist und nicht etwa eine perfekt gemachte Fälschung. Wer nicht über solche Summen verfügt, dem bleibt zwar diese Sorge erspart, aber er kann auch nicht bei der historischen Mille Miglia mitfahren, zumindest nicht in einem Wagen, der die begeisterten Tifosi schon zu Beifallsstürmen animiert, wenn man mit ihm nur lässig durch Ravenna rollt.

Den SSKL gibt es nicht mehr. Der letzte seiner Art, der seit 1936 im Mercedes-Museum in Stuttgart stand, war nach Dresden ausgelagert worden und verschwand nach dem Zweiten Weltkrieg in der Sowjetunion. Wer ihn findet, so er noch existiert, könnte bei Christies einen neuen Rekordpreis für Oldtimer etablieren.

Fahrgestell des SSK.

Die Aerodynamik-experimente bei Daimler-Benz zu Beginn des 20. Jahrhunderts

Es waren die Renn- und Rekordfahrten, die schon früh das Interesse an aerodynamisch gestalteten Fahrzeugen weckten. Schon bei Benz & Cie. sammelte man in den Jahren 1909/1910 die ersten Aerodynamik-Erfahrungen mit einem 200-PS-Rennwagen, der ab 1911 mehrere Weltrekorde einfuhr und aufgrund der Tatsache, dass er die 200-km/h-Marke knackte, »Blitzen-Benz« genannt wurde. Leiter des Konstruktionsbüros bei Benz & Cie. im Jahre 1911 war Hans Nibel. Zu seinen größten Erfolgen gehörte seine maßgebliche Mitarbeit an diversen Rekordfahrzeugen. So wurde unter seiner Ägide auch der »Blitzen-Benz«-Rennwagen konstruiert.

Bob Burman erreichte 1911 mit 228 km/h die schnellste bis dahin von einem Landfahrzeug erreichte Geschwindigkeit. Dieser Weltrekord sollte erst im Jahre 1920 gebrochen werden. Jedenfalls blieb der sogenannte »Blitzen-Benz«, mit dem noch eine Reihe anderer Weltrekorde erzielt wurden, bis heute untrennbar mit dem Namen Hans Nibel verbunden.

Die Anfänge und der Tropfenwagen

Gestalterisch war es in den zwanziger Jahren vor allem die Stromlinienform, die das Automobildesign nachhaltig veränderte. Der Wiener Ingenieur Edmund Rumpler mit seinem Tropfenwagen und der zeitweise beim Luftschiffbau Zeppelin arbeitende Paul Jaray präsentierten strömungsgünstige Fahrzeugkarosserien. Benz übernahm die Rumpler-Patente und baute sowohl Limousinen als auch Rennwagen. Der Benz-RH, ein bei Benz & Cie. entwickelter Rennwagen, der aufgrund seiner charakteristischen Form als »Tropfenwagen« tituliert wurde, war zugleich der erste Mittelmotor-Rennwagen der Welt. Von dem 1923 in Monza erstmalig eingesetzten Benz-Tropfenwagen mit einem zwei Liter großen Sechszylinder-Heckmotor wurden vier Stück gebaut. Der RH sollte als Werbung für die Motoranordnung im Heck dienen. Rumpler, der zuvor in Kontakt mit Benz bezüglich seines Tropfenwagens war, hatte mit dieser Konstruktion jedoch nichts mehr zu tun und war auch zu den Versuchen mit diesem Wagens nicht hinzugezogen worden. Auch die damals noch mit Benz & Cie. konkurrierende Daimler-Motoren-Gesellschaft begann zu Beginn der 1920er-Jahre, Aerodynamikstudien durchzuführen, und zwar an einem Kompressor-Rennwagen, der für einen Einsatz in Indianapolis vorgesehen war.

Rumplers Tropfenwagen mit Benz-Motor 10/30 PS.

Die Sportausführung des Benz-RH von 1924, am Steuer Willy Walb.

Fahrgestell des Tropfenform-Rennwagens Benz-RH von 1923.

Der in Monza von Benz eingesetzte Rennwagentyp.

Aerodynamisch optimierte Karosserie am Mercedes 6/40/65-PS-Rennwagen von 1922.

Die Rennwagen sind die Pioniere

Manfred von Brauchitsch kurz vor dem Start auf der Avus.

Seiten- und Rückansicht des Stromlinien-SSK in der Herstellungsphase sowie die Rekonstruktion.

Großes Aufsehen erregte Reinhard Freiherr von Koenig-Fachsenfeld im Jahr 1932 mit einer Stromlinienkarosserie für den Mercedes-Benz SSKL, mit dem Manfred von Brauchitsch prompt das Avus-Rennen vor Rudolf Caracciola auf Alfa Romeo gewann. Auch in den folgenden Jahren waren es vor allem die Rekordwagen, bei denen die Aerodynamik besondere Beachtung fand. Für den jungen Konstrukteur Josef Müller bedeutete dies eine besondere Herausforderung. Sein Auftrag lautete: »Entwurf und Karosserie der Außenform für den neuen 750-kg-Rennwagen«. Müller schreibt dazu in seiner technischen Autobiographie »Freuden des Konstrukteurs«:

»Es war mir geradezu eine Lust, die Regeln der Aerodynamik mit der Ästhetik in Einklang zu bringen. Der riesige Brennstofftank wurde gleich in die Außenform mit einbezogen und die Achsen strömungsgünstig verkleidet. Nach der Ausschreibung sollte in der Sitzgegend eine Breite von ¾ m eingehalten werden. Das war meinen Vorstellungen von einem schlanken Wagenkörper, wie er mir vorschwebte, arg im Wege und wurde kurzerhand durch einen kleinen Trick umgangen, indem diese Breite nur auf eine zulässig geringe Höhe

»Rennlimousine« nannte Caracciola diesen Rekordwagen auf Basis des W 25.

eingehalten wurde. Die manuelle Zeichenarbeit, durch die Idee beflügelt, ging flott vonstatten, so dass sich das Ganze dem Entwerfer wie den Modellbauern, die sich von dem Elan mitreißen ließen, bald in gefälliger Wohlgestalt präsentierte ... Doch recht bezeichnend für diese Zeit, dass man wohl ab und zu an eine Nachprüfung in einem Windkanal dachte, aber mangels eines solchen es bald wieder vergaß. Erst später, erinnere ich mich, als die Rennerei schon voll im Gang war, machten wir einen schüchternen Versuch im Friedrichshafener Zeppelinwindkanal.«[8] So baute Daimler-Benz auf der Grundlage seiner erfolgreichen Rennwagen W 25, W 125 und W 154 aerodynamisch gestaltete Rekordfahrzeuge, die zahlreiche Klassen- und Weltrekorde erzielten, darunter der von Rudolf Caracciola auf der Reichsautobahn Darmstadt–Frankfurt aufgestellte Rekord mit 432,4 km/h.[9]

Stromlinien-Rennwagen für das Avus-Rennen 1937.

8 Müller, Josef: Die Freuden des Konstrukteurs. 40 Jahre Daimler-Benz, Prien am Chiemsee, 1990, S. 29f.
9 Engelen, Günter: Mercedes-Benz Renn- und Sportwagen seit 1894, Stuttgart, 2011, S. 144–271.

Der Rekordwagen von 1938.

Der Mercedes-Benz T 80, der nie zum Einsatz kam.

»Rennwagen im Stromlinienformat«

Doch auch im Rennwagenbau wurden entsprechend konzipierte Stromlinienkarosserien eingesetzt. So beim Rennen auf der Avus im Jahr 1937. Engelen bemerkt dazu:

»Ausgehend von der Stromlinienkarosserie des Jahres 1936 wurden für die AVUS-Rennwagen neue, windschnittige Blechkleider entworfen. Markanter Unterschied gegenüber den Rekordwagen war die völlige Umhüllung der 24 Zoll großen Hinterräder. Es wurden im Training sowohl vollständige Verkleidung aller Räder durch ein Scharnier in der Mitte des oberen Radausschnitts befestigte hochklappbare Radabdeckung ausprobiert, als auch große Radscheiben zum Abdecken der Drahtspeichenräder. In den Rennen wurde allerdings ohne Abdeckung gefahren. Um die längeren Stromlinienkarosserien auf den einzelnen Fahrgestellen aufzubauen, mussten diese vorne und hinten verlängert werden. Beim Einsatz des 80 kg schweren V12-Motors in dem Fahrgestell W 25-kurz musste auch der Rahmen verstärkt werden, dessen Zusatzgewicht gegenüber dem normalen Monoposto 22 kg betrug … Etwas günstiger stellte sich die Gewichtsbilanz bei dem auf dem W 125 aufbauenden Stromlinienwagen mit dem Achtzylindermotor M 125 dar. Hier ergab sich ein Gewichtsplus von 134 kg für die Stromlinienkarosserie und 15,2 für die Rahmenverlängerung, insgesamt also ein Mehrgewicht von 149,2 kg. Von Brauchitsch fuhr einen W 25-kurz mit einem DAB-V12-Motor und Stromlinienkarosserie, Caracciola fuhr einen W 125 mit einem M 125 und Stromlinienkarosserie mit der Startnummer 35. Lang fuhr ebenfalls einen W 125 mit Stromlinienkarosserie, der die Startnummer 37 hatte.«[10]

Von Brauchitsch (Startnummer 36) mit dem W 25 kurz mit DAB-V12-Motor vor Caracciola auf einem W 125 mit einem M 125 und Stromlinienkarosserie mit der Startnummer 37.

Damit erreichten die Fahrzeuge eine Spitzengeschwindigkeit von 370 km/h. Die Aerodynamik war im Renn- und Rekordwagenbau angekommen.

Auch die Auto Union setzte auf Stromlinie: Bernd Rosemeyer mit der Startnummer 33.

10 Ebenda, S. 190–191.

Hermann Ahrens und Friedrich Geiger: Die Spezialisten des Sonderwagenbaus

Maybach SW 35 mit Stromlinienkarosserie von Paul Jaray.

In dieser Zeit kommt es auch zu wegweisenden Konstruktionen im Serienwagenbau von mehreren Aerodynamikpionieren wie zum Beispiel Edmund Rumpler, Paul Jaray, Wunibald Kamm, Reinhard Freiherr von Koenig-Fachsenfeld oder Karl Schlör von Westhofen-Dirmstein, die sich vor allem mit Personenwagen beschäftigten. Im Oktober 1920 hatte Jaray ein Hauptpatent angemeldet, dessen Anspruch lautete: »Kraftwagen, dessen Maschinenanlage, die Nutzräume, das Fahrgestell und die Räder überdeckenden Oberbau einen halben Stromlinienkörper haben und dadurch gekennzeichnet sind, dass der Stromlinienkörper am hinteren Ende in eine waagrechte Scheide ausläuft.«

Jaray ließ 1934 auf einen Mercedes-Benz 200 (W 21) eine Stromlinienkarosserie aufbauen, die seinerzeit großes Aufsehen erzielte. Von Kamm ist ein 170 V (W 136) mit aerodynamisch geformter Spezialkarosserie bekannt, von Schlör ein 170 H (W 28). Ganz besonders deutlich zeigte das die Form der Sport-Limousine des Typs 150 (W 30), die beim Langstreckenwettbewerb »2000 km durch Deutschland« im Juli 1934 für Erfolg und Aufsehen sorgte.

Mercedes-Benz Mittelmotorsportwagen Typ 150 (W 30).

500 K Stromlinienwagen 1934 bei den »2000 km durch Deutschland«.

Der 500 K Autobahnkurier.

Bei der gleichen Veranstaltung startete auch ein Coupé des Typs 500 K mit Achtzylinder-Kompressormotor. Mit seiner gebogenen Windschutzscheibe und dem sanft abfallenden Heck zeugte der Wagen von den Bemühungen, einen niedrigen Luftwiderstand auch im Tourensportsegment der großen Klassen zu verwirklichen.

Das im Sindelfinger Sonderwagenbau unter Hermann Ahrens aufgebaute Einzelstück war dann auch wohl die Inspiration für den 500 Kompressor »Autobahn-Kurierwagen«, der im März 1934 auf der Internationalen Auto- und Motorrad-Ausstellung (IAMA) in Berlin debütierte. Dieses zweitürige Coupé setzte zu einem frühen Zeitpunkt ein Zeichen fortschrittlichen und innovativen Designs. Ein bemerkenswertes Detail beim »Autobahnkurier« waren die gebogenen Scheiben.

Für Ahrens war am 31. August 1932 seine vierjährige und sehr erfolgreiche Entwicklungsarbeit bei Horch zu Ende gegangen, und am 12. September trat er in die Dienste der Daimler-Benz AG.

Typ 540 K, Spezialausführung mit zurückversetztem Motor, 1937.

Ab dem 10. April 1933 erhielt er mit Friedrich Geiger einen weiteren Mitarbeiter, der das Mercedes-Benz-Design nachhaltig mit beeinflussen sollte. In den 1920er Jahren hatte er das Handwerk des Wagners gelernt und anschließend in Meißen Wagenbau studiert. In dieser Zeit legte er die Meisterprüfung als Wagner und Stellmacher ab. Vor dem Hintergrund der Karosserieherstellung mittels eines Holzrahmens, der anschließend mit Blech beplankt wurde, eine sinnvolle Berufskombination. Als Techniker und Ästhet stellte er seine Fähigkeiten vor allem im Sonderwagenbau unter Beweis.

Beider künftiges Betätigungsfeld in Sindelfingen umfasste die Aufbauentwicklung und Fertigungsüberwachung in der Abteilung Sonderwagenbau. Diese Abteilung für Spezialaufbauten, Einzel- und Kleinserienfertigung war kurz vor Hermann Ahrens' Eintritt geschaffen worden. Hatte er bisher für einen anonymen Kundenkreis gearbeitet, waren jetzt seine Partner diejenigen Reichen und Mächtigen, die in der Wirtschaft, Kunst und Politik jener Jahre im Blickpunkt der Öffentlichkeit standen. Alles, was Rang und Namen hatte und sich für ein Mercedes-Benz-Sondermodell entschied, wurde von ihm beraten und betreut. Dies betraf vorrangig Kompressorfahrzeuge für Wirtschaftsmagnaten und Aristokraten wie den irakischen Kronprinzen oder den Radja von Tagore. Es sind vor allem die Kompressorfahrzeuge der Typen 380 (W 22), 500/540 K (W 29) und der »Große Mercedes« (W 07 / W 150), die nach den Sonderwünschen der anspruchsvollen Klientel gebaut werden. Weitere daran angelehnte Fahrzeuge entstehen im Sonderwagenbau.

In den Jahren 1935 und 1936 folgen ähnlich gestaltete viertürige Versionen auf Basis der Großserienmodelle 200 (W 21), 290 (W 18) und 320 (W 142). Alle zeichnet aus, dass bei konventioneller Vorderwagengestaltung eine in sanftem Bogen nach hinten abfallende Dachlinie nahtlos in das Heck übergeht. Außerdem sind die hinteren Radausschnitte voll verkleidet.

Stromlinie auch bei den Sechszylindermodellen wie hier dem Typ 320.

Der 540 K Stromlinienwagen von 1938

Im Zuge des rasch fortschreitenden Ausbaus des Autobahnnetzes ergaben sich neue Herausforderungen an die Fahrzeughersteller und die mit ihr verbundene Zubehörindustrie. Ein besonders wichtiger Part fiel bei der Lösung des Problems, auf den neuen Autobahnen hohe Dauergeschwindigkeiten einzuhalten, der Reifenindustrie zu. Es galt Reifen zu entwickeln, die den Belastungen der mitunter bis zu drei Tonnen wiegenden Hochleistungsfahrzeuge standhielten. Aus diesem Grund sah sich die Reifenindustrie zunehmend nach Erprobungsträgern um, die sich für diese Entwicklungsaufgabe eigneten. In Deutschland war der Mercedes-Benz 540 K neben den Maybach-Automobilen eines der wenigen Fahrzeuge, das diesen Anforderung entsprach.

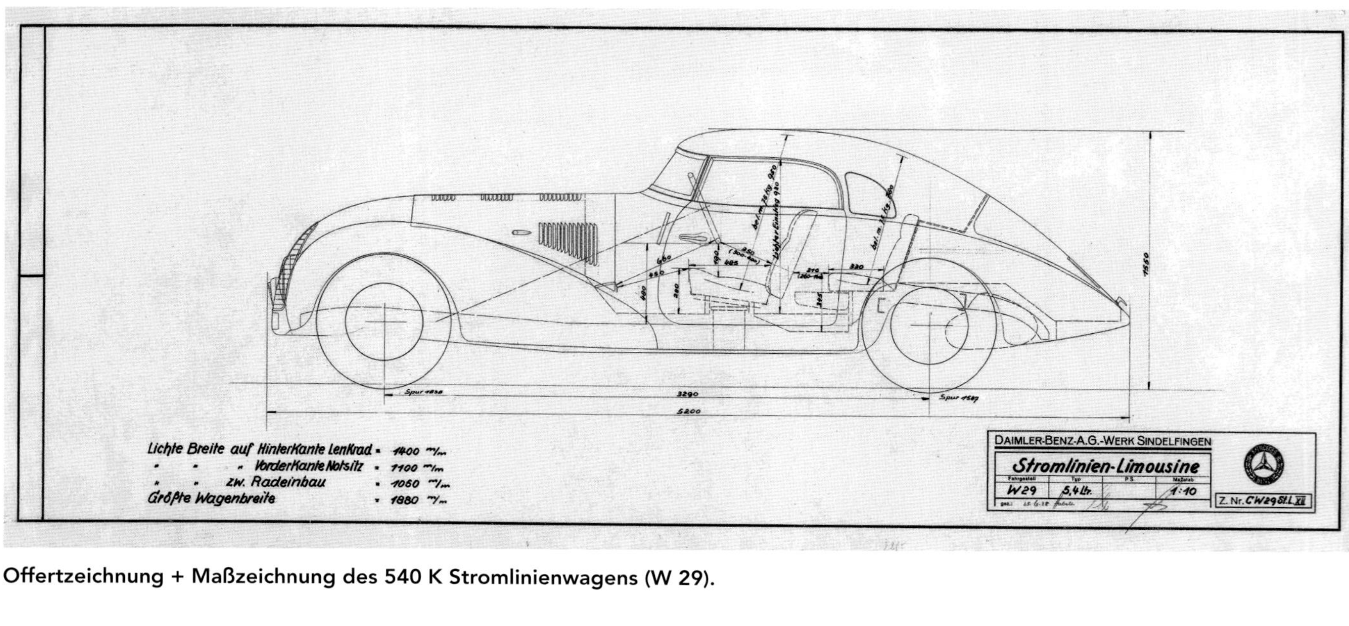

Offertzeichnung + Maßzeichnung des 540 K Stromlinienwagens (W 29).

Ausgestattet mit der 1938 aufgebauten Stromlinienkarosserie aus Aluminium, die den c_W-Wert von 0,57 für ein klassisches Coupé nachhaltig auf 0,36 reduzierte, waren Dauergeschwindigkeiten von 165 bis 170 km/h und mit Kompressorunterstützung eine Spitzengeschwindigkeit von 185 km/h erreichbar – damals auf öffentlichen Straßen höchst außergewöhnliche Werte.
Auf ihrer Suche nach einer effektiven Aerodynamik erkannten die Ingenieure auch, dass das Markenzeichen des hoch bauenden Mercedes-Benz-Kühlers, der – hier allerdings unsichtbar – auch noch im 540 K Stromlinienwagen verbaut war, auf Dauer eine Herausforderung darstellte. Dazu bemerkte der damalige Mercedes-Konstrukteur Josef Müller:
»Aber auch in anderer Hinsicht spielte der Kühler eine wenn auch eher negative Rolle. Er wollte mit seinen kantigen Umrissen gar nicht in die abgerundeten Formen eines strömungsgünstigen Wagens, wie er mir schon von der Hochschule her, nach Studium der Untersuchungen des Zeppelin-Ingenieurs Jaray an Automobilmodellen vorschwebte. Wagner, als Schöpfer des ehemaligen ›Benz-Tropfens‹, würde sich gewiss für die Konstruktion eines Serienstromlinienwagens begeistern lassen. Was sollte das ganze Getue um Rennerfahrung, wenn sie sich nicht in Vorteile für die Serienwagen verwirklichen ließen? Dabei stellte sich leider bald heraus, dass ein ›echter Mercedes-Kühler‹ sich schwerlich in der gerundeten Form eines echten Stromlinienwagens unterbringen ließ. So viele Skizzen und Modelle wir auch machten, es blieb immer etwas anderes als ein kantiger Mercedeskühler.«
Bei der Stromlinie von 1938 erfolgte dann doch der Verzicht auf den Mercedes-typischen Kühler. Der Wagen war so gestaltet, dass die Luft perfekt strömen konnte. Gebogene Windschutzscheiben, eine niedrige Dachlinie sowie eine abgerundete Heckpartie waren ebenso wie die versenkten Scheinwerfer und der aufgemalte Stern Details, die dazu beitrugen, den Luftwiderstand zu minimieren. Auch bei Kleinigkeiten wurde die Aerodynamik optimiert. So waren die Türgriffe versenkt, es gab keine Stoßstangen, und die Spaltmaße waren minimiert. Der Unterboden war zudem vollständig abgedeckt. Technisch entsprach der Stromlinienwagen einem serienmäßigen 540 K, einzig die Antriebsachse wurde von i = 3,08 auf i = 2,90 länger übersetzt. Dieser im Frühjahr 1938 gebaute Hochleistungswagen wurde noch im selben Jahr an die Deutsche Dunlop Gummi Comp. AG in Hanau geliefert.

Stromlinien-Kompressorwagen 540 K.

In der Dunlop-Jubiläumsbroschüre des Jahres 1938 fand der Wagen eine besondere Erwähnung:
»Eine Prüfung besonderer Art sind unsere Versuche mit einem schnellen Stromlinien-Kompressor-Wagen auf der Reichsautobahn, um das Verhalten der Bereifung bei schneller Dauerfahrt zu studieren. Hier wird mit Fahrerwechsel gefahren, und zwar mit Geschwindigkeiten von etwa 170 km pro Stunde. Fahrpausen gibt es nur für Tankpausen und den erwähnten Fahrerwechsel.«

Der rekonstruierte Wagen in einem modernen Windkanal.

IT-146901

Stromlinien-Kompressorwagen 540 K von 1938.

Der Mercedes-Benz 540 K Stromlinienwagen wurde 1937/1938 im Werk Sindelfingen in der Abteilung Sonderwagenbau realisiert. Diese hatte sich in den 1930er-Jahren schnell den Ruf geschaffen, auch aufwendigste Einzelstücke zu verwirklichen, viele davon mit ganz herausragenden Karosserieentwürfen. Der Designer Ralf J. F. Kieselbach, ein ausgewiesener Experte für die Geschichte der Fahrzeugaerodynamik, charakterisierte das Fahrzeug wie folgt: »Vor diesem Hintergrund entstanden die Pläne für den 540 K mit Stromlinienkarosserie. Sein wichtigstes Merkmal ist eindeutig die Karosserie, die in allen Einzelheiten konsequent nach damaligen Aerodynamik-Erkenntnissen gestaltet ist. Doch darüber und in Verbindung mit dem sehr leistungsstarken Kompressorantrieb adressieren die Gestalter zugleich das Thema (Hoch)Geschwindigkeit, das in dieser Form ein starkes Signal ist: Die ersten Schnellstraßen waren gerade entstanden, und das schnelle und komfortable Fernreisen mit dem Automobil gerät zunehmend in die Wahrnehmung der Menschen. So ist dieser besondere 540 K zugleich ein Beispiel für ein außergewöhnliches Reisefahrzeug, das auch eine längere Strecke mit hoher Geschwindigkeit komfortabel bewältigen kann. Als ein solches wurde es auch bei seiner späteren Verwendung bei Dunlop für Hochleistungsreifenversuche genutzt.

Die Pläne aus der Abteilung Sonderwagenbau zeigen eine für die Zeit moderne, ja höchst aktuelle Formgebung: eine stark abgerundete Frontpartie ohne Stoßstangen mit einem fast quadratischen Lufteinlass ohne den üblichen, klassischen Mercedes-Benz Kühlergrill, links und rechts an den (angedeuteten) Kotflügelseiten tief eingebaute Scheinwerfer, dazu ein langgezogenes abfallendes Heck, das einen spitz ausgeformten Kabinenauslauf harmonisch verbindet mit einer abgerundeten, keilförmigen Karosseriepartie. Selbst der klassische Mercedes-Stern als Kühlerdekoration weicht der flüssigen und windschlüpfigen Formgebung und ist lediglich auf das Haubenvorderteil lackiert. Der zur damaligen Zeit übliche dritte Scheinwerfer, im damaligen Sprachgebrauch als »Autobahnscheinwerfer« bezeichnet, kommt in die Mitte des Kühlergrillgitters, etwa dorthin, wo bei vielen aktuellen Fahrzeugen von Mercedes-Benz der große Zentralstern sitzt.«

Auch Maybach mit Stromlinie

Auch andere Reifenhersteller hatten sich des Themas Hochgeschwindigkeitsfahrten angenommen. So bestellten die Gummiwerke Fulda AG einen Maybach SW 38 mit einer Spezial-Stromlinienkarosserie, die bei dem Karosseriebauer Dörr & Schreck unter Mitarbeit von Reinhard Freiherr von Koenig-Fachsenfeld gefertigt wurde. Der 3,8-Liter-Sechszylindermotor leistete 140 PS und verhalf dem Fahrzeug dank guter Aerodynamik zu einer Höchstgeschwindigkeit von 200 km/h. Um den Strömungsverlauf zu visualisieren, wurden Fäden am Fahrzeug angebracht und diese während der Fahrt fotografiert.

Reinhard Freiherr von Koenig-Fachsenfeld beschrieb diesen exotischen Wagen für die Zeitschrift Deutsche Fahrzeug-Technik. Hier eine Betrachtung aus dem Gebiet der aerodynamischen Forschung:
»Die Sichtverhältnisse sind den hohen in Frage kommenden Geschwindigkeiten angepaßt: Front und Rückscheibe sind sehr groß, die stark geneigte Frontscheibe plan mit seitlich sanft gerundeten Übergängen in die Seitenscheiben. Der Wagenbug fällt stark nach vorne ab aus strömungstechnischen Gründen und zur Verbesserung der Sicht auf die Straße. Zu diesem Zwecke wurde der Kühler umgeändert, übrigens die einzige Änderung am serienmäßigen Fahrgestell. Der Kühllufteinlaß ist an der richtigen Stelle des Wagenbugs, nämlich der Stauzone oder der Zone größten Überdrucks angeordnet. Die Öffnung ist nicht viel größer als das vordere Nummernschild, genügt aber vollständig, zumal auch die nötige Sorgfalt auf die Ableitung der Kühlluft gelegt wurde [...] Im übrigen ist die Karosserie durchweg glatt und vermeidet alle unnötigen Leisten, Vertiefungen und Vorsprünge.«

Der Stromlinien-Maybach SW 38.

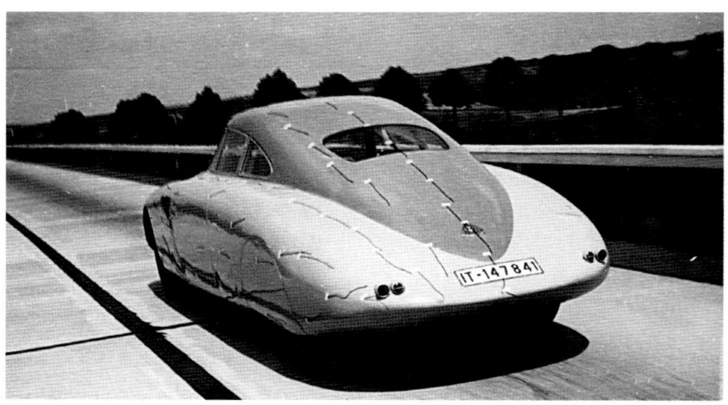

Maybach SW 38 Stromlinie mit aufgeklebten Fäden zur Beobachtung des Strömungsverlaufs.

Das Triumvirat der Kompressor-Stromlinien

Zusammenfassend lassen sich bei Mercedes-Benz die Entwicklungslinien der aerodynamisch gestalteten Kompressorwagen an drei Fahrzeugen dokumentieren. Dem damals sowohl als Renn- als auch als Tourenwagen eingesetzten SSK, der von Koenig-Fachsenfeld im Jahr 1932 mit einer Stromlinienkarosserie versehen wurde und der auf der Avus unter Manfred von Brauchitsch erfolgreich war, dem Tourensportwagen Typ 500 K Stromlinienwagen, der 1934 erfolgreich bei der Fahrt »2000 km durch Deutschland« zum Einsatz kam, und zu guter Letzt dem 540 K Stromlinienwagen von 1937/38. Letzterer war ursprünglich für die Fernfahrt Berlin–Rom 1938 vorgesehen, die aber dann nicht stattfand. Alle drei Fahrzeuge dokumentieren sehr früh, wie wichtig die Aerodynamik für die Entwicklung kommender Fahrzeuggenerationen werden sollte.

Rekonstruktion des SSK-Siegerwagens von 1932.

Der 500 K Stromlinienkompressor im Einsatz bei den »2000 km durch Deutschland«.

Heckansicht des 540 K Stromlinienkompressors von 1938.

Rudis Fahrt

Der Jahrhundert-Weltrekord

Rudolf Caracciola mit Dackel und Zigarette.

Früh am Morgen des 28. Januar 1938: In der Empfangshalle des Frankfurter Parkhotels stehen zwei Herren in langen Lammfell-Mänteln, die eigentümlich mit ihren hellen Rennanzügen kontrastieren. Man eilt zu einem bereitstehenden Mercedes Cabriolet, das nun rasch in der Dunkelheit verschwindet.

Auf der gesperrten Autobahn Darmstadt–Frankfurt herrscht reges Treiben. Angetrieben von Alfred Neubauer schrauben Monteure eifrig am W-125-Weltrekordwagen. Hatte es doch den umtriebigen Rennleiter zusammen mit Teilen des Daimler-Benz-Vorstands eine nicht unerhebliche Anstrengung gekostet, den NSKK-Oberen Adolf Hühnlein zu überzeugen, erneute Rekordversuche kurz vor der am 18. Februar stattfindenden Deutschen Automobilausstellung (IAMA) veranstalten zu lassen. Eigentlich sollten die Rekordfahrten immer im Herbst am Ende der Motorsportsaison abgehalten werden.

1937 war es Bernd Rosemeyer gewesen, der mit seinem Auto-Union-Rekordwagen mit knapp über 400 km/h die Messlatte sehr hoch gelegt hatte. Die Mercedes-Equipe wurde bei dieser Veranstaltung auf der ganzen Linie geschlagen. Einen schlecht liegenden Rekordwagen, der überdies mit Unterluftproblemen zu kämpfen hatte, vermochte selbst Ausnahmefahrer Caracciola nicht zu Weltrekordehren zu steuern. Doch nun war man besser vorbereitet. Das Motorenteam der Rennabteilung unter Georg Scheerer hatte sich zusammen mit Max Wagner und Josef Müller den Zwölfzylinder-Kompressormotor vorgenommen. Man sparte den Kühler; die Kühlung erfolgte mittels Eiswasser. Die Folge: eine deutliche Verbesserung der Aerodynamik.

Der Mercedes-Benz-Zwölfzylinder-Rekordwagen W 125 bei der Rekordfahrt auf der Reichsautobahn Darmstadt–Frankfurt.

Als Rudolf Caracciola und Manfred von Brauchitsch an der Rekordstrecke eintreffen, ist es noch immer dunkel und schneidend kalt. Raureifteppiche bedecken Fahrbahn und Baumallee. Chefkonstrukteur Direktor Max Sailer und Neubauer sind im Gespräch. Caracciola und von Brauchitsch gesellen sich hinzu. »Wann wollen Sie fahren, Rudi?«, so Neubauer angespannt. »Sobald es hell wird!«. Noch immer arbeiten die Mechaniker konzentriert an jenem Boliden, der wie eine silberne Skulptur in der mystischen Winterlandschaft steht. »Lass uns die Strecke vorher abfahren«, bemerkt von Brauchitsch, um auf der Rekordstrecke im 320er Cabriolet gemeinsam in langsamer Fahrt entlangzugleiten. Die konzentrierte Aufmerksamkeit der Akteure gilt im Scheinwerferlicht der Fahrbahndecke, aber auch den Baumwipfeln, die sich im Morgengrauen gegen den heller werdenden Himmel wie eine gezackte Wand abheben. Bei den angepeilten Geschwindigkeiten über 400 km/h ist der Wind eine nicht zu unterschätzende Größe. Ein Teil der Fahrbahn ist schon abgetrocknet, aber dies reicht noch nicht aus, da Caracciola bei dem Höllentempo die gesamte Fahrbahnbreite benötigen wird. Im Morgengrauen durchbricht das Stakkato des warmlaufenden Zwölfzylinders die Stille. Neubauer packt Caracciola am Arm. »Rudi, Sie wissen, es geht um alles«. Karratsch nickt: »Keine Sorge, wir werden es schaffen«.

Nach der Warmlaufprozedur werden die Rennkerzen eingeschraubt. Über dem morgendlichen Szenario liegt bedrohliche Stille. Der Wagen wird in die Mitte der Straße geschoben. Über eine kleine Holzbrücke kletternd gelangt Caracciola in das enge Cockpit des Wagens. Vor sich das große Holzlenkrad, um sich herum die kalten Streben des Gitterrohrahmens. Er gleitet in die ihn fixierende Sitzschale. Die penetrante Hitze des 5,5-Liter-Zwölfzylinders wirkt plötzlich als angenehme Wärmequelle. Die Plexiglas-Haube wird geschlossen. Neubauer fest im Blick, harren die Mechaniker erwartungsvoll des Zeichens, den Rekordwagen anzuschieben. Kein Kühler bremst die Luft. Für die kurze Fahrt muss Eiswasser zur Kühlung reichen. Mit vereinten Kräften wird der Wagen angeschoben und erwacht grollend zum Leben.

Karratsch stellt fest, wie leicht sich die Gänge einlegen lassen. Überhaupt unterscheidet sich dieser Wagen in allen Belangen von dem eher ungattigen Vorgänger. Die intensive Arbeit der letzten Wochen hat Erfolg gezeitigt. Der Mercedes beschleunigt. Er liegt satt auf der Straße und nur minimale Korrekturen sind erforderlich. Rudi ist angenehm überrascht. Doch dann gilt seine ganze Konzentration der immer größer werdenden Geschwindigkeit. Die 200er-Marke ist längst überschritten; man nähert sich den 300 km/h. Die Bäume verschwimmen. Als er die 400-km/h-Marke überschreitet, rasen die Brückendurchfahrten als schwarze Löcher auf ihn zu. Er muss genau zielen, will er sie nicht verfehlen. Unerbittlich klettert der Tourenzähler im letzten Gang auf Maximaldrehzahl. Dann die Signalflagge, das Ende der Messstrecke ist erreicht. Caracciola lässt den Wagen ausrollen, bremsen darf er nicht, um die riesigen, aber hauchdünnen Rekordreifen nicht zu beschädigen.

Die Mechaniker kommen gestikulierend angelaufen. »Rekord, Herr Caracciola, 427 km/h Durchschnitt«. Der Wagen wird umgedreht, denn das Reglement erfordert, die Strecke in beide Richtungen zu fahren. Aus dem Mittel der beiden Läufe ergibt sich der finale Wert. Den zweiten Lauf geht Karratsch aggressiver an, obwohl der Wind aufgefrischt hat und er-

Caracciola mit Neubauer.

hebliche Lenkkorrekturen erforderlich macht. Beim Durchfahren der Brücken fühlt er von beiden Seiten einen Schlag an den Kopf. Es ist der ungeheure Luftdruck, der sich beim Passieren aufbaut. Die Orientierung gilt wieder dem schwarzen Strich in der Mitte der Fahrbahn. Die Landschaft scheint auf ihn zuzustürzen, die Motorhaube beherrscht sein Sichtfeld. Er sitzt inmitten eines Infernos. Der Motor brüllt, die Kompressoren kreischen, es ist wie der Balanceakt auf einem Drahtseil. Dann endlich der Messpunkt. Den Kilometer durcheilt er in wenig mehr als 8 Sekunden, bei der Meile sind es gerade einmal 13,4. Als er nach dem Passieren der Zielflagge den Wagen ausrollen lässt, ist Neubauer als erster am Fahrzeug: »437 km/h! Rudi, das ist neuer Rekord«.

Nie wieder wird ein Mensch auf einer öffentlichen Verkehrsstraße in diesem Jahrhundert schneller fahren. Die Addition der Geschwindigkeiten ergibt im Mittel exakt 432,7 km/h.

Die Ein-und-Aussteigebrücke wird über den Wagen gefahren, Rudi klettert heraus und atmet tief die frische Morgenluft ein. Endlich kann Neubauer seinen Fahrer in die Arme schließen. »Bravo, Rudi!« Mehr kann er im Augenblick nicht sagen.

Alice Caracciola steht am Rand; rasch eilt er zu ihr, um sie schweigend in die Arme zu schließen. Nun kommen sie alle: Reporter, Gratulanten aller Couleur sowie die eigenen Teammitglieder. Dann geht die Fahrt in einer Wagenkolonne zurück ins Parkhotel, um ein ausgiebiges Frühstück einzunehmen. Doch die Ruhe ist nur von kurzer Dauer, das Telefon klingelt. Neubauer, der den Anruf entgegengenommen hat, kommt aufgeregt an den Tisch. »Die Auto-Union ist da! Mit dem Rekordwagen. Mit Rosemeyer und dem ganzen Tross.«

Unruhig verlässt Neubauer das Hotel, zurück zur Autobahn. Bei einer Zigarette bemerkt Manfred von Brauchitsch: »Wollen wir nicht doch auch ...?« Sie fahren los. Als sie ankommen, sitzt Bernd Rosemeyer schon im Wagen. Er winkt Caracciola mit seinem jungenhaften Lachen zu: »Gratuliere Rudi, toll gemacht«. Dieser bedankt sich artig, obwohl ihn ein ungutes Gefühl beschleicht, der Wind ist sehr viel stärker geworden ...

»Wenn unser Rekord die Mittagsnachrichten nicht erlebt, na dann Servus,« sinniert Neubauer. Manfred und Rudi sitzen im Wagen und warten, als plötzlich ein Ruck durch die Menge geht. Ein Junge läuft vorbei. »Was ist los?«, ruft Caracciola ihm nach. Er dreht sich um: »Rosemeyer ist verunglückt«! Die Zeit scheint still zu stehen. Erstarrt sitzen die beiden Grand-Prix-Fahrer im Auto, als der Mercedes-Rennarzt Dr. Gläser mit den Worten an den Wagen tritt. »Tot. Er liegt im Wald an einen Baum gelehnt und blickt in den Himmel, als ob er sich nur kurz ausruhen wollte.«

Rudi gibt dem Doktor stillschweigend die Hand und fährt zurück in die Stadt.

Die Mercedes-Benz-Modelle 500 K / 540 K (W 29), 1934–1939

Eine Karosserievariante
des Mercedes-Benz 500 K:
Cabriolet C.

Technische und gestalterische Entwicklung

Mit dem Typ 380 (W 22) präsentierte die Daimler-Benz AG auf der Berliner Automobil-Ausstellung 1933 den ersten Achtzylinderwagen mit Kompressor. Es gab ihn mit vier Motoren: dem M 22 ohne Kompressor, dem M 22 mit angebautem Kompressor und dem M 22 K mit integriertem Kompressor, die alle drei einen Hubraum von 3823 ccm aufwiesen, und dem M 22 I, ebenfalls mit integriertem Kompressor, aber im Hubraum auf 4019 ccm angehoben. Der Motor hatte hängende Ventile und neun Kurbelwellenlager. Ohne Kompressor leistete er 90, mit angebautem Kompressor 120, mit integriertem Kompressor 140 bzw. mit vergrößertem Hubraum 144 PS.

Das Fahrzeug selbst verfügte über ein Schnellganggetriebe und Schraubfedern an der Vorderachse. Technisch innovativ war das Vollschwingachsenfahrwerk, über das zu diesem Zeitpunkt kein anderer Wagen dieser Größenordnung verfügte. Die in Sindelfingen produzierten Karosserien wurden in folgenden Varianten angeboten: als viertürige Limousine, als zweisitziger Roadster mit zwei Notsitzen, als Cabriolet A, B oder C sowie als offener Tourenwagen. Der Preis für sämtliche Varianten betrug RM 19.500,-; das Fahrgestell schlug mit RM 13.000,- zu Buche. Der 380 erreichte eine Höchstgeschwindigkeit von 135 km/h ohne und 145 km/h mit Kompressor. Insgesamt wurden von diesem Typ in allen Varianten 157 Stück gebaut.

Mercedes-Benz Typ 380, Cabriolet A.

Mercedes-Benz Typ 380, Cabriolet B.

Zu diesem Zeitpunkt gab es bei der Daimler-Benz AG eine Zäsur bezüglich der Trennung von Renn- und Serienwagenbau. Mit der 750-kg-Formel wurde mit dem W 25 ein reiner Monoposto-Rennwagen entwickelt, während nunmehr bei der Serienproduktion mehr Wert auf Luxus und Komfort gelegt wurde.

Dennoch empfand die in hohem Maße durch die großvolumigen und leistungsstarken Modelle der S-Reihe von Mercedes-Benz geprägte leistungsorientierte Klientel den Typ 380 vielfach als zu schwach motorisiert. Daimler-Benz reagierte darauf mit dem leistungsstärkeren Typ 500 Kompressor.

Warum dieser Wagen allerdings eine aus heutiger Sicht so antiquierte Motorenkonstruktion aufwies, harrt bis heute der Erklärung. Hatte doch der Leiter der Motorenkonstruktion, Albert Heeß, schon vor dem Krieg bei der Daimler-Motoren-Gesellschaft die Rennmotoren von Wilhelm Maybach und Paul Daimler kennengelernt. Danach waren es die von Ferdinand Porsche entwickelten königswellengesteuerten Kompressormotoren mit obenliegenden Nockenwellen. Zudem war er selber mit der Konstruktion der Renn- und Rekordmotoren befasst, die 1934 in der 750-kg-Formel und bei Rekordfahrten zum Einsatz kamen,

Mercedes-Benz 500 K (W 29) Limousine, damals »Innenlenker« tituliert.

Der Mercedes-Benz 500 K »Autobahn-Kurier« …

kannte sich also bestens mit Hochleistungsmotoren aus. So war der Motor des 500 K mit seiner seitlichen Nockenwelle und den langen Stoßstangen ebenso wie der im Nachfolgermodell 540 K eher schwer und schwach.

Der Typ 500 (W 29) wurde bereits im März 1934 auf der Internationalen Automobil- und Motorradausstellung in Berlin, wo nur ein Jahr zuvor auch der Typ 380 debütiert hatte, als neues Modell präsentiert, das im Laufe des Jahres dessen Nachfolge antreten sollte.

Das Fahrzeug war allein schon durch seine ungewöhnliche Formgebung der Mittelpunkt der Ausstellung. Der neue »Typ 500 mit Kompressor« stand in Berlin in nur einem Exemplar als »Autobahn-Kurierwagen«, der, wie es in der Preisliste der gezeigten Fahrzeuge hieß, »in Einzelspezialausführung für besonders hohe Geschwindigkeit gebaut« war. Laut Rundschreiben der Verkaufsabteilung wurde der Wagen »häufig als Clou der Ausstellung« tituliert.

… auf der Berliner Automobil-Ausstellung 1934.

»Der Clou der Ausstellung«

Die Wettbewerbsvariante des 500 K im Einsatz bei den »2000 km durch Deutschland«.

»2000 Kilometer durch Deutschland«

Parallel dazu hatte man ein Wettbewerbspendant konstruiert, das formal dem Autobahn-Kurier ähnlich, dessen Karosserie aber in Holzbauausführung ausgeführt worden war. Dieser Wagen sollte erfolgreich bei der 2000-km-Fahrt durch Deutschland zum Einsatz kommen.

Im Gegensatz zum singulär als Autobahn-Kurier präsentierten Typ 500 war der Typ 380 in Berlin noch in vier verschiedenen Karosserievarianten ausgestellt worden, die fast die ganze Produktpalette umfassten. Seine bevorstehende Ablösung zeichnete sich also bereits am Horizont ab, war aber noch nicht umgesetzt. Im Juni 1934 wurde der Typ 500 mit Kompressor mit sieben Varianten in die Preisliste aufgenommen. Außer dem Fahrgestell waren eine zwei- und eine viertürige Limousine, damals noch »Innenlenker« genannt, ein zweisitziger Roadster mit zwei Notsitzen, die Cabriolets A, B und C sowie ein zweitüriger offener Tourenwagen lieferbar. Der Preis für sämtliche Varianten betrug RM 22.000,-; das Fahrgestell schlug mit RM 15.500,- zu Buche. In der gleichen Preisliste wurde der Typ 380 bereits in der Rubrik »Übergangs-Modelle« mit dem Hinweis »nur noch vereinzelt lieferbar« geführt. Der letzte 380er wurde im Juli 1934 produziert, zwei Monate nachdem die Serienproduktion des Fünf-Liter-Typs begonnen hatte.

In offiziellen Verlautbarungen und Druckschriften wurde der Fünf-Liter-Kompressorwagen, der die interne Konstruktionsnummer W 29 erhalten hatte, überwiegend als »Typ 500 mit Kompressor« tituliert. Die heute allgemein geläufige Bezeichnung 500 K wurde eher zurückhaltend verwendet. Dies änderte sich mit der Einführung des hubraumstärkeren, aber ansonsten weitgehend unveränderten Nachfolgermodells. Im Prospekt von 1934 wurde der neue Wagen wie folgt präsentiert:
»Die Daimler-Benz AG hat also mit ihren Mercedes Benz Schwingachswagen einen neuen Maßstab zur Bewertung von Fahrqualitäten geschaffen. In besonders auffälliger Form gilt diese Feststellung für den Mercedes Benz Typ 500 mit Kompressor, einen Schnellreisewagen mit besonderer Note. Die Fahreigenschaften, die dieser Wagen besitzt, ergeben sich einerseits aus der Leistung der temperamentvollen Kompressor-Maschine, aus dem Schnellganggetriebe mit halbautomatischer Synchronschaltung und andererseits in besonderem Maße aus der Anwendung eines Kastentiefrahmens, patentierte Schwingachsen vorne und hinten, günstige Spurweite und Geschick der Gewichtsverteilung. Man muss den Mercedes Benz Typ 500 mit Kompressor auf einer größeren Strecke gefahren haben um diesen Wagen zu erleben, um festzustellen, welch ungeahnten Fortschritt dieser Typ darstellt, der dazu berufen

Karosserievarianten des Mercedes-Benz 500 K: Cabriolet B.

Karosserievarianten des Mercedes-Benz 500 K: Sport-Limousine.

ist, der Automobiltechnik von heute und morgen den Weg in die Zukunft zu weisen.«
Auch für Motor und Fahrleistungen findet der Werbetexter lobende Worte:
»... der Mercedes-Benz Typ 500 mit Kompressor, ein Wagen, der hinsichtlich des mit ihm zu erzielenden Reisedurchschnitts jeden Schnellzug schlägt und nur noch von schnellen Flugzeugen übertroffen wird. Der Acht-Zylinder-Reihenmotor besitzt hängende Ventile und entwickelt ohne Kompressor 100 PS. Durch das wahlweise Einschalten des Kompressors wird die Leistung auf 160 PS hinaufgebracht. Nur wer einmal die immense Beschleunigung des Wagens, das erklimmen des 175-Kilometertempos am Steuer eines solchen Mercedes-Benz erlebt hat, weiß, welch ingeniöse Arbeit und technische Hochleistung in diesem Motor, im ganzen Fahrwerk steckt.«

Karosserievarianten des Mercedes-Benz 500 K: Cabriolet A.

Nachfolgetyp war der 540 K (W 29). Bei seinem Erscheinen im Oktober 1936 wurde dieser zwar noch als »Typ 540 mit Kompressor« bezeichnet, aber bereits im November begann sich die griffigere Typenbezeichnung »540 K« allgemein durchzusetzen. Die Überarbeitung des 3,8-Liter-Motors M 22 zum Fünfliter-Triebwerk M 24 des 500 K war umfangreich gewesen. Bohrung und Hub waren jeweils um 8 mm vergrößert worden, eine Maßnahme, die auch eine neue Kurbelwelle erfordert hatte. Die Leistung war dadurch auf 100/160 PS gestiegen.

Ende April 1936 erhielt der Motor eine weitere Hubraumerhöhung auf 5,4 Liter. Hierzu wurden die Bohrung um 2 mm erweitert und der Hub um 3 mm verlängert. Die Leistung erhöhte sich auf nunmehr 115/180 PS.

Leistungssteigerung von 100/160 PS auf 115/180 PS

Karosserievarianten des Mercedes-Benz 500 K: Roadster.

Karosserievarianten des Mercedes-Benz 500 K: Luxusroadster.

Motoransicht des 540 K.

Die Typenbezeichnung wurde erst im September 1936 dem vergrößerten Hubraum angepasst. Seine offizielle Premiere hatte der Typ 540 K Anfang Oktober auf dem Pariser Automobil-Salon. Selbstbewusst vermeldete der Prospekt:
»Wohl kaum einen zweiten Kraftwagen gibt es, der so vom Zauber des Außergewöhnlichen umgeben ist, wie der Mercedes-Benz-Kompressor Typ 540 K. Technische Vollendung, die wunderbare Eleganz und Schönheit seiner Karosserie ließen ihn zu einem Spitzenerzeugnis des deutschen Automobilbaus werden ... Der Mercedes-Benz Typ 540 K ist ein in sich abgeschlossenes und abgerundetes Ganzes von höchster technischer Vollendung. Dabei ist größter Wert darauf gelegt worden, dass der Wagen nicht nur ein Fahrzeug für Sport- und Luxuszwecke sein soll, sondern ein starker höchsten Ansprüchen genügender Gebrauchswagen.«

Soweit der Werksdichter. Man glaubte ihm, es war eine Zeit, in der man dem markigen Sprachduktus vertraute, und so nannte sich das, was wir heute gemeinhin als Presseabteilung bezeichnen, durchaus zu Recht Propagandaabteilung.

Als Getriebe kam beim 500 K ein Mercedes-Benz Schnellgang-Getriebe mit halbautomatischer Schaltung zum Einsatz. Beim Schalten vom dritten (direkten) Gang in den Schnellgang brauchte die Kupplung nicht betätigt zu werden. Beim Übergang zum 540 K wurde dieses Getriebe zunächst beibehalten und nur dahingehend modifiziert, dass der seitherige Schnellgang durch Änderung der Übersetzungsverhältnisse zum vierten (direkten) Gang wurde. Im Februar 1939 erhielten der 540 K und der »Große Mercedes« ein Fünfganggetriebe, das die Drehzahl im fünften Gang gegenüber dem vierten um 20 % reduzierte.

Werbeanzeige für den 540 K.

Varianten des 500 K und des 540 K

Das Fahrgestell des 500 K und 540 K hatte einen Radstand von 3290 mm und wurde, wie schon vom Typ 380 bekannt, in zwei Versionen geliefert. Oswald charakterisiert die Varianten wie folgt: »Beim normalen Fahrgestell, das für Viersitzer und 2+2-Sitzer sowie ab 1938 auch für reine Zweisitzer eingesetzt wurde, stand der Kühler ziemlich genau über der Vorderachse. – Zweisitzer und 2/3-Sitzer besaßen ein Fahrgestell, bei welchem der Kühler um etwa 185 mm hinter die Vorderachse zurückgelegt war, wodurch optisch der Eindruck des besonders langen Vorderwagens entstand. Auch der Motor-Getriebe-Block, die Lenkung und der Fahrersitz waren entsprechend weit nach hinten gerückt. Diese Fahrgestelle hießen bis 1936 ›Fahrgestell für Sportwagen‹ und danach ›Fahrgestell mit zurückversetztem Motor‹. Vom Modelljahrgang 1938 an wurden diese Fahrgestelle im Hinblick auf die inzwischen aktuell gewordene Stromlinie nicht mehr verwendet. – Schließlich gab es noch eine dritte Fahrgestell-Variante mit kurzem Radstand, bei welchem der Kühler wieder über der Vorderachse stand. Dieses Fahrgestell wurde nur für einige ganz wenige (etwa 5) Zweisitzer-Sonderaufbauten verwendet, war dann aber für den geplanten Typ 580 K vorgesehen. Dabei sollte dann der Kühler weniger spitzwinklig und nun ein Stück vor die Vorderachse gerückt sein.«

Außer der regulären Ausführung gab es eine Variante, bei der Kühler, Motor-Getriebe-Einheit, Lenkgetriebe und Sitze gut zehn Zentimeter nach hinten versetzt waren. Als zusätzliche, nicht in der Preisliste enthaltene Sonderausführung waren auch Fahrgestelle mit dem kürzeren Radstand von 2980 mm verfügbar, die als Roadster oder Cabriolet A karossiert werden konnten. Auch wenn die Kataloge und Preislisten aus jener Zeit den Eindruck einer Serienproduktion erwecken, so entstanden

Eine ausgesprochen elegante Ergänzung des Karosserie-Angebots für den 500 K: Der Spezial-Roadster.

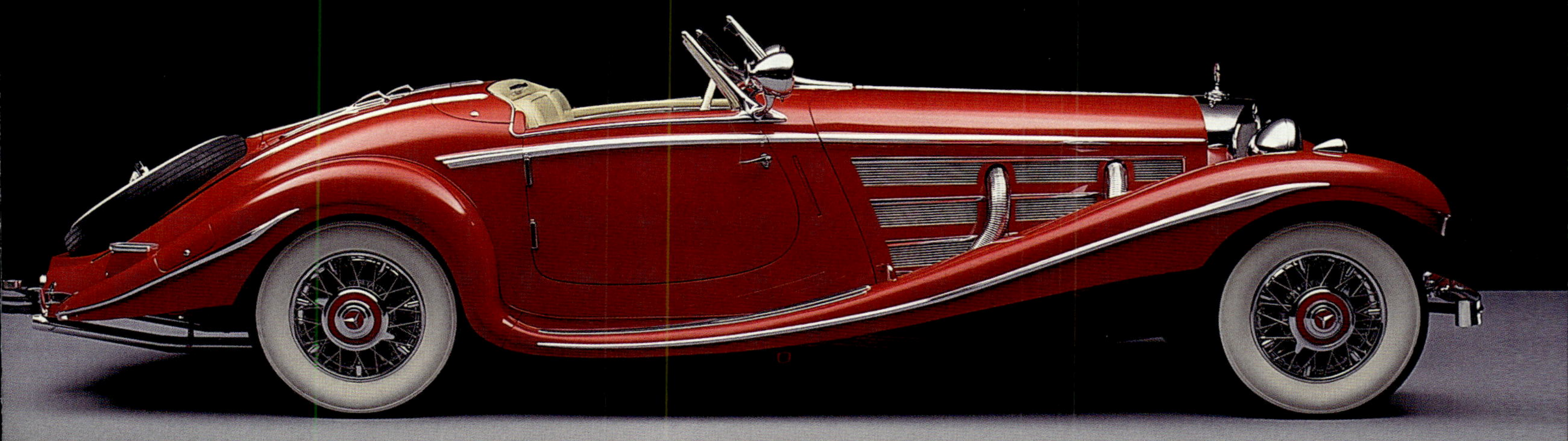

diese Fahrzeuge in einer manufakturartigen Fertigung weitgehend individuell und streng an den einzelnen Wünschen und Vorgaben des Kunden orientiert. Der Sindelfinger Sonderwagenbau unter Hermann Ahrens erreichte mit den Karosserien für die Achtzylinder-Sportwagen ein allgemein anerkanntes und kaum zu überbietendes Niveau in Schönheit und Qualität der Ausführung.

Das ursprüngliche Karosserie-Angebot für den 500 K wurde bereits im Herbst 1934 um einen ausgesprochen eleganten Spezial-Roadster ergänzt, der auf dem Pariser Salon im Oktober debütierte und für den gegenüber den anderen Varianten ein Mehrpreis von RM 4.000,- gefordert wurde.

Im Februar 1935 wurde die viertürige Limousine durch eine zweitürige Variante ersetzt. Im Oktober 1935 erschien in Paris eine neue, hinreißend schöne Ausführung des Spezial-Roadsters, die mit einem Preis von nunmehr RM 28.000,- die teuerste Variante des W 29 darstellte. Roadster, Spezial-Roadster, Cabriolet A und Autobahn-Kurier wurden auf dem Fahrgestell mit zurückgesetztem Motor aufgebaut, alle anderen Karosserievarianten auf dem regulären Chassis.

Nach dem Übergang zum 540 K fielen im Februar 1937 der Roadster und der Autobahn-Kurier aus der Preisliste. Ein Jahr später, im Februar 1938, kam das Aus auch für das Cabriolet C. Zum gleichen Zeitpunkt wurde anlässlich der Berliner IAMA eine modifizierte Variante des Spezial-Roadsters präsentiert, die auf dem regulären Fahrgestell basierte und eine abweichende Gestaltung vor allem der Vorderkotflügel und der Heckpartie aufwies. Ab Februar 1938 wurden auch die übrigen 2/3-sitzigen Karosserievarianten nicht mehr auf dem Fahrgestell mit zurückgesetztem Motor aufgebaut. In der Preisliste vom Februar 1939 war auch der offene Tourenwagen nicht mehr enthalten. Interessanterweise wurde diese Ausführung im Katalog weiterhin aufgeführt, ebenso wie zwei Karosserievarianten, die in keiner Preisliste erwähnt sind: ein zweisitziges Sport-Coupé und die analoge Ausführung als sogenanntes Kombinations-Coupé, nach heutiger Diktion ein Roadster mit Hardtop.

Unabhängig von den in der Preisliste oder im Katalog genannten Varianten wurden in Sindelfingen zahlreiche vom üblichen Standard abweichende Karosserien realisiert, z. T. aufgrund konkreter Kundenwünsche, teilweise aber auch in Eigeninitiative. Ein besonders bekanntes Beispiel für ein derartiges Fahrzeug ist das von Rudolf Caracciola gefahrene 500 K Coupé von 1935, das seinerzeit als Spezial-Roadster, Spezial-Coupé oder Sport-Limousine bezeichnet wurde.

Armaturenbrett des W 29.

Es entspricht einer geschlossenen Version des Spezial-Roadsters in seiner ersten Ausführung von 1934.

Von den beiden Modellen des W 29 wurden im Werk Untertürkheim zwischen Februar 1934 und November 1939 insgesamt 761 Fahrgestelle produziert, davon 342 mit 5 und 419 mit 5,4 Litern Hubraum. 70 Fahrgestelle wurden zur Karossierung an Aufbauhersteller geliefert, die übrigen 691 Exemplare erhielten ihre Karosserie im Sonderwagenbau des Werks Sindelfingen. Am beliebtesten war das Cabriolet B mit 296 Einheiten, gefolgt von Cabriolet C mit 122 und Cabriolet A mit 116 Fahrzeugen. Selbst der exklusive und gediegene Spezial-Roadster brachte es auf eine Gesamtstückzahl von etwa 50 Einheiten, während die verschiedenen Coupé-Varianten nur 12, der Autobahn-Kurier sogar nur 6 Stück erreichte. 53 Limousinen und 28 offene Tourenwagen komplettieren die Bilanz.

Im Jahr 1939 wurden auf Basis des M 24 Versuchsmotoren mit 5,7 Litern Hubraum gebaut. Diese Motoren hatten eine nochmals um 7 mm vergrößerte Bohrung, aber 5 mm geringeren Hub als das 5,4-l-Aggregat. Große Bedeutung können diese Motoren nicht gehabt haben, da bei Daimler-Benz intensiv an den neuen V12-Triebwerken M 148 und M 157 gearbeitet wurde und sich diese bereits in einem weit fortgeschrittenen Entwicklungsstadium befanden.

Im Rahmen der sogenannten »Aktion P«, die die Reichskanzlei im Sommer 1942 nach dem Attentat auf den Reichsprotektor von Böhmen und Mähren, Reinhard Heydrich, in Prag initiiert hatte, entstanden 20 zweitürige Limousinen in gepanzerter Sonderausführung. Für den Auftrag, 20 gepanzerte Limousinen des Typs 540 K zu liefern, verwendete Daimler-Benz ein fabrikneues Chassis, das noch in den Beständen des Werks vorhanden war, sowie 19 bereits ausgelieferte Fahrzeuge, die von der Wehrmacht requiriert worden waren. Die Fahrgestelle dieser 19 Wagen wurden in Untertürkheim fabrikneu instandgesetzt und anschließend in Sindelfingen mit den Panzerkarosserien versehen. Die Auslieferung erfolgte zwischen November 1942 und Februar 1943. Im November 1943 wurden noch einmal 17 Ersatzkarosserien der gleichen Bauart bestellt. Es gibt aber keinen Beweis dafür, dass diese Karosserien tatsächlich geliefert wurden oder auch nur in Produktion gingen. Zumindest ein Exemplar der zweitürigen Sonderschutz-Limousine hat die Wirren der letzten Kriegsjahre und der frühen Nachkriegszeit überdauert und ist seit Jahren im Technischen Museum in Prag ausgestellt.

»Gepanzerte Rarität«

Der 540 K als gepanzerter Innenlenker.

Der W 24 als offener Tourenwagen ...

Ein weiteres Sondermodell, das oft mit dem 540 K in Verbindung gebracht wird und das tatsächlich mit diesem gewisse Gemeinsamkeiten aufweist, trägt die interne Konstruktionsnummer W 24 und wird werksintern gelegentlich als »Typ 540 K lang« bezeichnet. Dabei handelt es sich um ein Versuchsfahrzeug vom August 1934, das mit dem Achtzylindermotor M 24 und einer De-Dion-Hinterachse ausgerüstet war, möglicherweise als Vorstufe zu dem geplanten Nachfolger des Typs »Großer Mercedes« (W 07). Vier offene Tourenwagen mit einem Radstand von 3880 mm wurden zwischen April 1936 und Januar 1937 an die Reichskanzlei und andere Regierungsstellen geliefert und kamen dort auch zum Einsatz. Außer diesen vier Fahrzeugen und dem ersten Versuchswagen existierten noch zwei weitere Exemplare dieses Typs, von denen eines möglicherweise nie karossiert wurde. Die vier 1936/37 ausgelieferten Fahrzeuge hatten ihre Karosserie z. T. im Werk Sindelfingen und z. T. im Werk Mannheim erhalten. Ob weitere Fahrzeuge ausgeliefert oder auch nur produziert wurden, lässt sich nicht zweifelsfrei dokumentieren.

... in Langversion.

Varianten und Stückzahlen		
Karosserievarianten aus Sindelfingen	**500 K**	**540 K**
Cabriolet B	106	190
Cabriolet C	90	32
Cabriolet A	33	83
Roadster + Spezialroadster	29	29
Limousine 4 Türen	19	5
Limousine 2 Türen	1	28
Offener Tourenwagen	16	12
Coupé + Kombinations-Coupé	3	9
Autobahn-Kurier	4	2
Fahrgestelle	41	2

Der 500 K im Katalog von 1934/35 und der 540 K im Katalog von 1937/38

Im Prospekt des 500 K sind die Wagen perspektivisch von vorne gezeichnet. Es werden alle Karosserievarianten gezeigt. In dem Prospekt von 1934 sind neben den anderen Varianten noch enthalten

Der **Autobahnkurier**	(2–3 Plätze) Zwei Türen

Dieses nach den modernsten Prinzipien neuzeitlicher Automobiltechnik entworfene Modell ist als ausgesprochener Schnellreisewagen gedacht und in seiner Formgebung den Erfordernissen aerodynamischer Gesetze angepaßt. Er bietet zwei Personen auf den sehr bequemen, mit echtem Leder oder feinem Tuch gepolsterten Sitzen Platz. Ein dritter Sitz kann dahinter eingebaut werden, sofern dieser Raum nicht für die Mitnahme eines reichlichen Gepäcks vorgesehen wird. Die Fenster der Tür lassen sich völlig versenken, die geteilte Windschutzscheibe ist ausstellbar. Die beiden Reserveräder sind geschützt im Heck des Wagens untergebracht. Hier ist Raum für die Unterbringung weiteren Gepäcks vorgesehen. Die Kotflügel passen sich in ihrer Formgebung der windschnittigen Linienführung des ganzen Wagens an. Für die Lackierung dieses Wagens stehen besondere von ersten Künstlern zusammengestellte Farbenmuster zur Verfügung.

Der Autobahnkurier im Prospekt von 1934. (© Privatarchiv Vogt)

Die **Innensteuer-Limousine** (4–5 Plätze) Vier Türen

DIE INNENSTEUER-LIMOUSINE

Diese 4–5-sitzige Innensteuer-Limousine wurde für die Liebhaber eines geschlossenen Schnellreisewagens geschaffen. Die weiche, flüssige Form dieses eleganten, von der internationalen Presse lobend anerkannten Wagens, verdient besonders hervorgehoben zu werden. Vier Türen gewähren bequemen Einstieg zu den schön gepolsterten Sitzen. Eine elegante Gepäckbrücke ermöglicht die Mitnahme auch eines reichlicheren Reisegepäcks. Die beiden Reserveräder sind in den vorderen Kotflügeln untergebracht. Die Windschutzscheibe ist ausstellbar, die beiden vorderen Türfenster lassen sich völlig, die hinteren zur Hälfte versenken. Die Winker sind in die hinteren Säulen der Karosserie eingebaut und daher auch von hinten gut sichtbar. Für die Polsterung und Innenausstattung kommen feine Tuche besonderer Qualität zur Verwendung. Die Vordersitze lassen sich auch bei diesem Wagen während der Fahrt bequem verstellen.

Die Innensteuerlimousine aus dem gleichen Prospekt. (© Privatarchiv Vogt)

Und im Prospekt von 1935

Der **Normal-Roadster**	(2–4 Plätze) Zwei sehr breite Hauptsitze, zwei herausnehmbare Reservesitze. Zwei breite Türen, Windschutzscheibe umlegbar, Verdeck leicht aufschlagbar. Zwei Reserveräder am Heck. Bezug der Sitze mit echtem Leder.

Der **Spezial-Roadster**	(2–4 Plätze) Besonders schönes Modell, reichhaltig ausgestattet. Zwei breite Sitze vorne, zwei herausnehmbare Reservesitze hinten. Verdeck versenkbar, Türfenster herabkurbelbar. Sitze mit Leder bezogen.

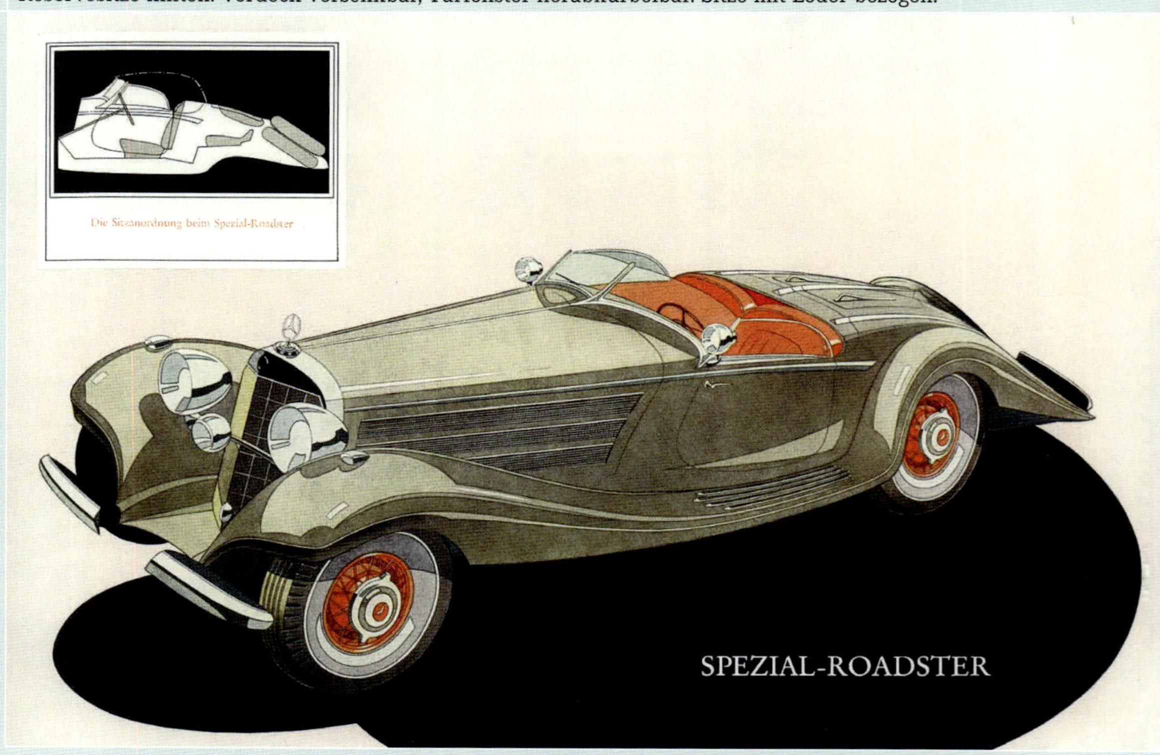

Der Offene Tourenwagen

(4–5 Plätze) Verdeck mühelos aufschlagbar. Kräftige Kofferhülle am Heck, beide Reserveräder in den vorderen Kotflügeln untergebracht. Polsterung der Sitze mit Leder.

Das Cabriolet »A«

(2–3 Plätze) Zwei sehr breite Sitze, auf Wunsch dahinter (quer) ein kleiner Notsitz. Besonders großer Kofferraum mit zwei Innenkoffern. Türscheiben herabkurbelbar. Zwei Reserveräder am Heck.

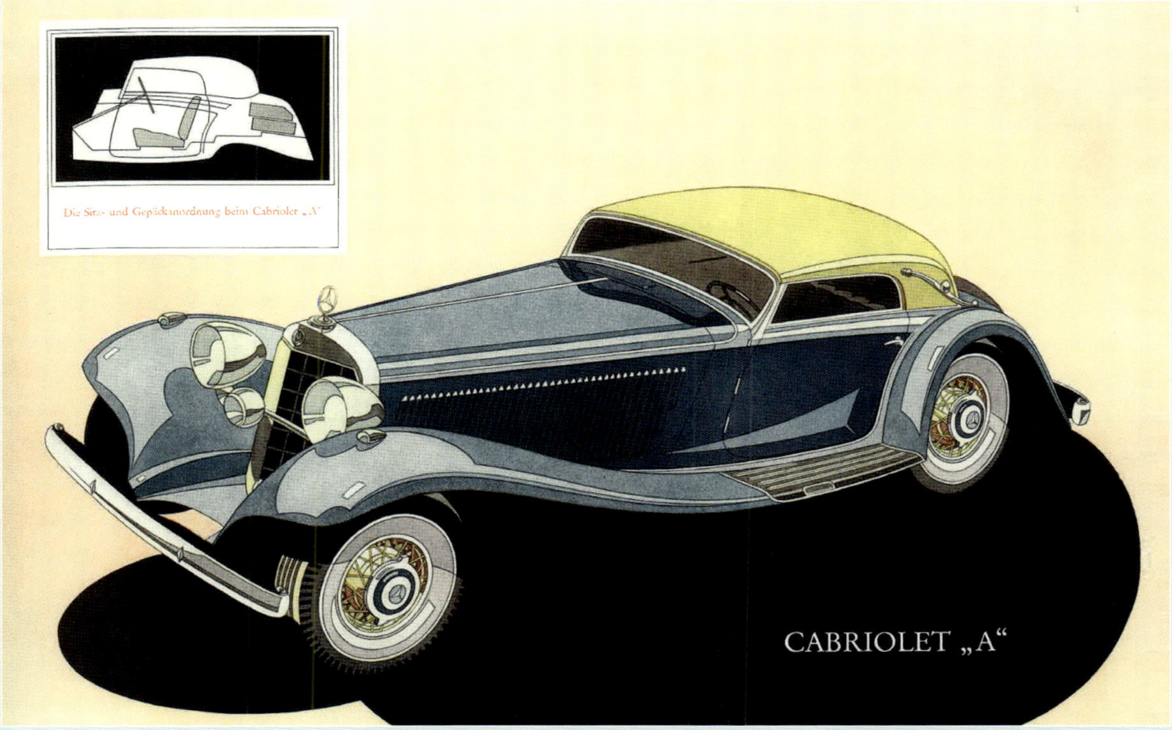

Das **Cabriolet »B«**

(4–5 Plätze) Zwei sehr breite Türen, vier Fenster. Großer Kofferraum im Heck mit zwei Innenkoffern. Die Vordersitze lassen sich umlegen und ergeben mit den Rücksitzen dann eine bequeme Liegestatt. Zwei Reserveräder.

Das **Cabriolet »C«**

(4–5 Plätze) Zwei breite Fenster und zwei Türen. Geräumiger Kofferraum am Heck. Das Verdeck ist leicht zusammenlegbar. Umlegbare Vordersitze ergeben auch hier mit den Rücksitzen eine bequeme Liegestatt.

Das **Sport-Coupé**	(2–3 Plätze) Sehr bequemer und eleganter Reisewagen mit Cabriolet-Charakter. Feststehendes Stahldach. Zwei Türen, zwei herabkurbelbare Fenster. Großer Kofferraum im Heck, beide Reserveräder hinten, das untere halb versenkt.

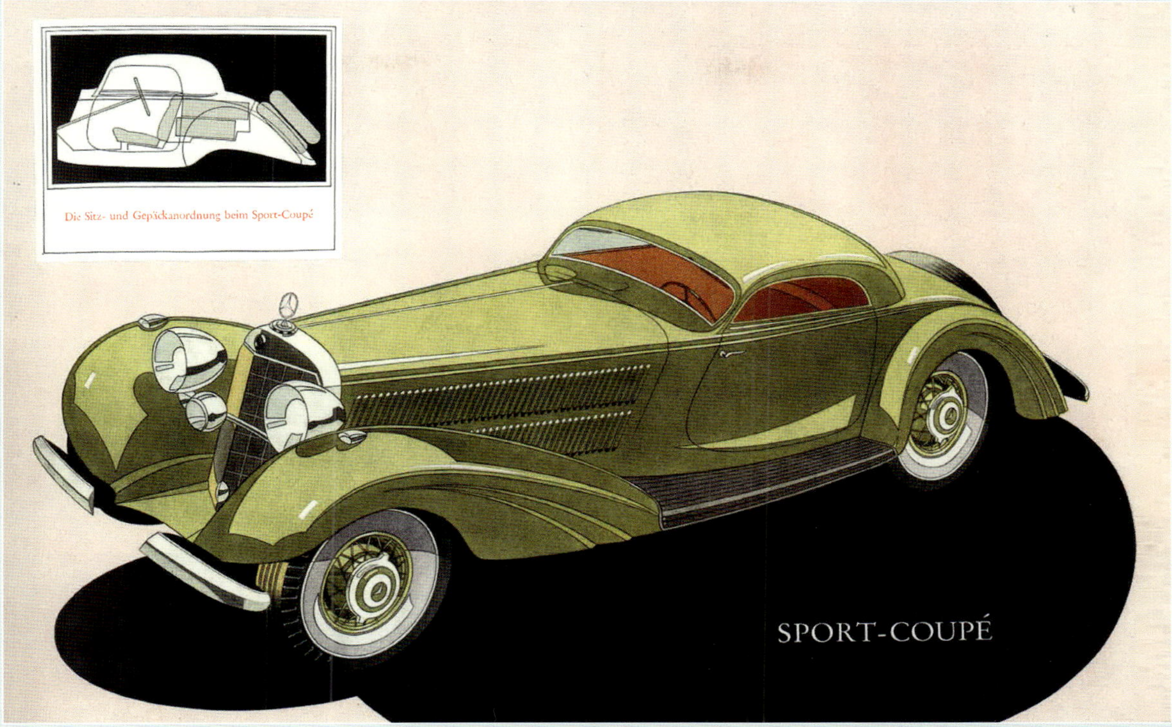

Die **Innensteuer-Limousine**	(4–5 Plätze) Zwei sehr breite Türen, vier Fenster. Sitze mit Tuch bezogen. Türfenster völlig versenkbar. Großer Kofferraum im Heck mit zwei Innenkoffern. Beide Reserveräder in den vorderen Kotflügeln untergebracht.

(© Privatarchiv Vogt)

Dieses und die folgenden Bilder zeigen Varianten des 540 K aus dem Katalog von 1937/1938.

Der **Innenlenker**

(© Privatarchiv Vogt)

Die Prospekte wurden von dem Stuttgarter Graphiker und Maler Willi Vogt gestaltet. Der Autobahnkurier und die viertürige Limousine befinden sich noch im Prospekt von 1934, in der 1935er Variante sind sie nicht mehr enthalten. Dass man stolz auf die Sindelfinger Karosserien ist, lässt sich dem Katalogtext entnehmen:

»Die in vielen internationalen Konkurrenzen mit den höchsten Prädikaten ausgezeichnete Schönheit der Mercedes-Benz-Karosserien, ihre Haltbarkeit und Sicherheit ist kein Zufallsergebnis. Unermüdlich haben die Konstrukteure des Chassis mit den Technikern und Künstlern, die sich mit der Lösung der Karosseriefrage beschäftigten, daran gearbeitet, ein einheitliches Gefüge zu schaffen, eine Karosserie, welche die Qualitäten des Chassis voll zur Geltung bringt und andererseits ein Chassis, das den Aufbau von Karosserien ermöglicht, die an Bequemlichkeit und gelungenen Proportionen nicht zu überbieten sind. Es ist aber nicht allein die besonders gelungene Linienführung an den verschiedenen Modellen des Typs 500 mit Kompressor, sondern auch ganz besonders die Güte und Qualität des verwendeten Materials und dessen saubere Verarbeitung. Alles an diesem Wagen, angefangen an der vorderen Stoßstange über die Innenausstattung bis zum Kofferraum, ist ein einziger Guss qualifizierter Arbeit. Es wurde an nichts gespart, was die Haltbarkeit, Sicherheit und Schönheit der Wagen erhöhen könnte: unser größter Dienst am Kunden heißt daher schon seit fünf Jahrzehnten: Qualität. Für jeden denkbaren Verwendungszweck wurden Modelle vom Typ 500 mit Kompressor geschaffen: die Dame findet in der Auswahl der zahlreichen Ausführung verschiedene elegante Cabriolets, der Sportmann in der Linie besonders gelungene 2 - 4 sitzige Roadster und offene Tourenwagen, für Repräsentationszwecke steht eine komfortable Limousine zur Verfügung. Allen Modellen ist die für die Marke Mercedes-Benz einzigartige rassige und sportliche Note mitgegeben, die diesen Wagen von allen anderen klar unterscheidet. Der elegante Spitzkühler, das ›Gesicht‹ des Repräsentanten deutscher Automobilbaukunst, die schönen und eleganten Kotflügel, die gelungene Formgebung der Verdecke und Kofferanbauten, die Ausstattung mit besonders schönen Armaturen, jeweils abgestimmt zur Karosserieform und zum Verwendungszweck des Wagens – das alles

Das **Cabriolet »A«**

verkörpert echte Mercedes-Benz Karosseriequalität! Aber auch ein Blick auf die Innenausstattung aller Modelle bestätigt, dass nichts unterlassen wurde, um auch hier dem Qualitätsprinzip gerecht zu werden. Schöne, besonders breite und hervorragend gepolsterte Sitze, mit echtem zur Außenlackierung abgestimmtem Leder oder feinem, pastellfarbigen Tuch überzogen, mühelos während der Fahrt verstellbar, die reichhaltige Ausstattung mit verschiedenen, der Bequemlichkeit oder Sicherheit dienenden Armaturen, herunterkurbelbare breite Fenster und ausstellbare Sicherheitsglas-Windschutzscheiben, praktische Verdeck-Konstruktionen, die ein müheloses herunter- und wiederaufschlagen des Cabriolet-Decks ermöglichen: Das sind einige Kennzeichen der Güte und Qualität der Mercedes-Benz Karosserien! Alle Türen sind besonders breit, sie gestatten ein müheloses Einsteigen, sie sind kräftig und stabil. Auf den Innenseiten tragen sie jeweils eine große Tasche zur Aufnahme von Wagenpapieren, Karten und kleinen Reiseutensilien. Das Armaturenbrett ist den besonderen Bedürfnissen angepasst, mit allen zweckmäßigen Instrumenten besetzt, und weiterhin mit Zigarrenanzünder, Aschenbecher, Handschuhkasten usw. ausgestattet. Das schöne profilierte Lenkrad trägt den praktischen Hupenring, der ein Signalgeben in jeder Lenkradstellung gestattet, ohne dass die Hand vom Lenkrad genommen zu werden braucht. An der Steuersäule ist ein elektromechanisches Diebstahl-Sicherheitsschloss angebracht. Alle Wagen sind mit dreifach umschaltbaren Scheinwerfern, mit Kotflügellampen (Parklicht), Nebellampe, Rück-Stopplicht und Gummi-Trittbrettbelägen ausgerüstet. Bei den Wagen des Typs 500 K mit angebautem Kofferraum gehören jeweils zwei geräumige Innenkoffer zur serienmäßigen Ausstattung.«

Soweit der Prospekt von 1935 zur Karosseriequalität und dem Variantenreichtum, den die Rahmenfahrzeuge bieten. Waren diese in den ersten Prospekten perspektivisch von vorne gezeichnet, so zeigt sich der 540-K-Prospekt von 1937/38, ebenfalls von Vogt gezeichnet, gänzlich anders. Eine fast fotorealistische Seitenansicht präsentiert die Modellpalette, und es tauchen in den Katalogen, vor allem beim »Großen Mercedes«, in diese eingeklebten Fotografien auf. Es sind erste Anzeichen dafür, dass in den kommenden Jahrzehnten die Fotografie ihr gemaltes Pedant verdrängen wird.

Das **Cabriolet »B«**

Der **Sport-Roadster**

Das **Sport-Coupe**

Das **Kombinations-Coupe**

OFFENE

TOURENWAGEN

Technische Daten 500 K und 540 K

	Mercedes-Benz 500 K	Mercedes-Benz 540 K
Konstruktionsbezeichnung	W 29	W 29
Produktionszeitraum	1934-1936	936–1939
Motor		
Arbeitsverfahren	Viertakt-Otto (Vergasermotor mit zuschaltbarem Roots-Kompressor)	
Anordnung im Fahrzeug	vorn, längs; stehend	
Motor-Typ / Baumuster	M 24 I	M 24 II
Zylinderzahl / -anordnung	8 / Reihe	
Bohrung x Hub	86 x 108 mm	88 x 111 mm
Gesamthubraum	5018 ccm (nach Steuerformel 4982 ccm)	5401 ccm (nach Steuerformel 5363 ccm)
Verdichtungsverhältnis	5,5; je nach Kraftstoff bis 6,5	5,2; je nach Kraftstoff bis 6,5
Kurbelwellenlager	9	
Leistung bei 3400 U/min	100 PS, mit Kompressor 160 PS	115 PS, mit Kompressor 180 PS
Drehmoment bei 2200 U/min	k.A.	44 mkg
Ventilanordnung / -anzahl	Hängend / 1 Einlass, 1 Auslass	
Ventilsteuerung	1 seitliche Nockenwelle	
Nockenwellenantrieb	über Stirnräder	
Gemischbildung	1 Steigstrom-Doppelvergaser Mercedes-Benz	
Kühlung	Wasserkühlung / Pumpe; 26 l Wasser	
Schmierung	Druckumlauf-Schmierung / 10 l Öl	
Elektr. Anlage	12 V	
Batterie	60 Ah / unter dem Fahrersitz	
Generator	130 W	
Anlasser	elektrisch / 1,5 PS	elektrisch / 1,8 PS
Zündung	Batteriezündung	
Kraftstofftank	im Heck / 110 l	
Fahrwerk & Kraftübertragung		
Rahmenausführung	Kastenprofil-Pressstahl-Niederrahmen	
Radaufhängung vorne	Doppel-Querlenker-Achse	
Radaufhängung hinten	Pendelachse mit untenliegenden Ausgleichfedern	Pendelachse, bis 1938 mit untenliegenden Ausgleichfedern
Federung vorne	Schraubenfedern	
Federung hinten	Doppel-Schraubenfedern	
Lenkung	Schraubenspindel	
Bremsanlage (Fußbremse)	hydraulisch, mit Bosch-Dewandre-Saugluftunterstützung, auf Vorder- und Hinterräder wirkend	
Feststellbremse (Handbremse)	mechanisch, auf Hinterräder wirkend	
Räder	Drahtspeichenräder	
Felgen	Tiefbettfelge 3,62 F x 17	Tiefbettfelge 4,00 F x 17
Reifen	6,50, 7,00 oder 7,50-17 extra	
Angetriebene Räder	Hinterräder	

	Mercedes-Benz 500 K		Mercedes-Benz 540 K	
Kraftübertragung	Kardanwelle			
Getriebe und Fahrleistungen				
Getriebe	4-Gang-Schaltgetriebe		4-Gang-Schaltgetriebe (bis 2/1939)	5-Gang-Schaltgetriebe (ab 2/1939)
Schaltung	Schalthebel in der Wagenmitte			
Kupplung	Einscheiben-Trockenkupplung			
Getriebeart	Zahnrad-Wechselgetriebe			
Synchronisierte Gänge	II–IV			II–V
Getriebe-Übersetzung	I. 3,42; II. 1,62; III. 1,0; IV. 0,62		I. 3,90; II. 2,88; III. 1,45; IV. 1,0	I. 3,90; II. 2,88; III. 1,45; IV. 1,0; V. 0,80
Achsantriebsübersetzung	4,88 (auch 5,11; 4,46; 4,18)		3,08 oder 3,60	3,50
Höchstgeschwindigkeit	160 km/h		170 km/h	
Kraftstoffverbrauch	27 l		29 l	
Abmessungen & Gewichte				
	langer Radstand	kurzer Radstand		
Radstand	3290 mm	2980 mm	3290 mm	
Spur vorne / hinten	1515 / 1502 oder 1535 / 1547 mm	1535 / 1547 mm	1535 / 1547 (auch 1515 / 1502) mm	
Länge	5150–5250 mm	je nach Ausführung 4480–4650 mm	5100–5360 mm	
Breite	1820–1880 mm	je nach Ausführung 1880–1900 mm	1880–1930 mm	
Höhe	1580–1650 mm	je nach Ausführung 1480–1530 mm	1530–1650 mm	
Kleinster Wendekreis	12,8 m	11,8 m	12,8 m	
Gewicht des Fahrgestells	1700 kg	–	1800 kg	
Leergewicht (Wagengewicht)	2300–2350 kg	2250 kg	2400–2500 kg	
Zul. Gesamtgewicht	2700 kg	2650 kg	2850 kg	
Allgemeine Daten				
Stückzahl	insgesamt 342 (alle Fahrgestellvarianten)		insgesamt 319 (alle Fahrgestellvarianten)	
Preise	Fahrgestell: RM 15.500,-		Fahrgestell: RM 15.500,-	
	Cabriolet B: RM 22.000,-		Cabriolet B: RM 22.000,-	
	Cabriolet C:RM 22.000,-		Cabriolet C (bis 1937): RM 22.000,-	
	Limousine (4 Türen): RM 22.000,-		Limousine (2 Türen): RM 22.000,-	
	Tourenwagen (2 Türen): RM 22.000,-		Tourenwagen (2 Türen, bis 1938): RM 22.000,-	
	Autobahnkurier (1935/1936): RM 24.000.-		Coupé (2/3 Sitze, ab 1938): RM 22.000,-	
	Spezialroadster (1935): RM 26.000.-		Cabriolet A (ab 1938): RM 22.000,-	
	Spezialroadster (1936): RM 28.000.-		Spezial-Roadster (ab 1938): RM 28.000,-	

Willi Vogt

Faszination der gemalten Prospekte

Willi Vogt mit seinem 170er S Cabrio B auf Italienrundfahrt im Tessin. *(© Privatarchiv Vogt)*

Das Faszinierende an den Verkaufsprospekten der 20er und 30er Jahre sind nicht Preise und technische Daten, sondern die gezeichneten Automobile, die auf unser die Fotografie gewöhntes Auge so andersartig wirken. Und so lässt sich konstatieren:

»Das Genre des Pressezeichners ist uns heute ähnlich fremd wie das des Plakatmalers. Lediglich den Gebrauchsgraphiker kennen wir in unseren Tagen noch und haben eine etwaige Vorstellung von seiner Arbeit.
In der ersten Hälfte des 20. Jahrhunderts aber hatte diese Profession – in Gestalt der Pressezeichner, Plakatmaler und Gebrauchsgraphiker – Konjunktur. Die Meister der gekonnten Skizze zeichneten für die ›Berliner Illustrierte Zeitung‹, die ›BZ am Mittag‹, ›Die Dame‹ oder den ›Uhu‹, und sie verstanden es zumeist vortrefflich, den Genius loci einzufangen, der der banalen Fotografie nicht selten verborgen bleibt ...
Dient im Übrigen die Darstellung des Automobils in erster Linie seiner Konstruktion und bleibt somit dem Techniker oder Designer vorbehalten, so haben es die Pressezeichner und Plakatmaler verstanden, dies, wenn auch weitgehend von derselben unbemerkt, in den Bereich der Kunst zu transformieren, auch wenn gemalte Autos eine eher verunglimpfte Gattung geblieben sind; ein Umstand, der in der Postmoderne durch die Nichtbeachtung des Autos in der Kunst dokumentiert wird.«[11]

Willi Vogt in seinem Atelier. *(© Privatarchiv Vogt)*

Einer von ihnen war Willi Vogt, Schöpfer der Mercedes-Benz-Prospekte der 20er und 30er Jahre. Vogt wurde am 5. Januar 1907 in Stuttgart geboren. Nach dem Schulabschluss studierte er von 1925 bis 1927 an der staatlichen Kunstgewerbeschule Stuttgart, später Akademie der Bildenden Künste, bei Prof. F. H. Ernst Schneidler, dessen »Stuttgarter Schule« und Werk internationale Bedeutung erlangten. Von 1928 bis 1930 arbeitete er zusammen mit Imre Reiner, mit dem ihn eine lebenslange Freundschaft verband. Als freier Graphiker arbeitete Vogt dann für die Firmen Mahle und S.F.K., und natürlich für den Automobilbauer Daimler-Benz, für den er die Prospekte für die unterschiedlichen Baureihen zeichnete.

11 Niemann, Harry: Die Sternenmaler. Mercedes-Benz Werbung aus einem Jahrhundert, Stuttgart, 2008, S. 7.

»Autobahnkuriere« gab es auch in anderen Baureihen, so beim Typ 320 (W 142). *(© Privatarchiv Vogt)*

Die einzige noch erhaltene signierte Zeichnung von Vogt aus dem Jahr 1936 zeigt eine Pullman-Limousine vom Typ 290 (W 18). *(© Privatarchiv Vogt)*

Vogt erwarb 1939 in Stuttgart ein Anwesen in der Steinbruchstraße 59, in dem sich auch seine Atelierräume befanden. Aus der Kriegsgefangenschaft zurückgekehrt, baute er sein zerstörtes Haus wieder auf. 1955 heiratete er Felicitas Henke. Aus dieser Ehe entstammen zwei Kinder, Jörg und Angela. Vogt wandte sich nun zunehmend der Ölmalerei zu und machte sich als Gebrauchsgraphiker einen Namen. 1957 präsentierte die Galerie Lutz und Meyer seine Arbeiten in einer Einzelausstellung. In der Folgezeit bildeten Großaufträge für »Kunst am Bau« den Schwerpunkt seiner Tätigkeit, so entstanden unter anderem die »Pflugscharen« im Institut für Landestechnik an der Universität Hohenheim. Auch die Gestaltung der Turbinenhalle der Bodensee-Wasserversorgung in Talheim geht auf Willi Vogt zurück. Autos für Prospekte hingegen hat er nicht mehr gezeichnet, die wurden inzwischen teilweise durch die Fotografie substituiert. Willi Vogt verstarb am 29. November 1982 in Stuttgart.

Auch den Prospekt für den »Großen Mercedes« (W 150) zeichnete Vogt, hier ein Cabriolet D und die Pullman-Limousine.

Die Mercedes-Benz-Stromlinienwagen bei der 2000-km-Fahrt durch Deutschland 1934

Mit der Mille Miglia hatten die Italiener ein Distanzrennen durch Italien geschaffen, dessen Attraktivität sich bis heute erhalten hat. Die erste Veranstaltung fand am 26. März 1927 statt. Start des ersten Fahrzeugs war um acht Uhr morgens. Auch »Tausend Meilen von Brescia« genannt, wurde dieses Rennen 30 Jahre lang veranstaltet. Die Streckenführung ging von Brescia nach Rom und zurück. Rom wurde als Hauptstadt mit einbezogen. Startberechtigt waren Sportwagen, entweder aus der Serienproduktion oder Prototypen, die aus einem Serienfahrzeug abgeleitet waren. Die Streckenlänge betrug genau 1600 km, daher auch der Name für die Veranstaltung.

MERCEDES-BENZ Siegt!
2000 Kilometerfahrt 1934
DAIMLER-BENZ AG STUTTGART-UNTERTURKHEIM
MERCEDES-BENZ
Kilometerfahrt 1934
STANDARD
2000 km durch Deutschland

Die deutsche Mille Miglia

Für Deutschland mit seiner langsam wieder prosperierenden Automobilindustrie war die Mille Miglia Vorbild und Ansporn, etwas Vergleichbares auf die Räder zu stellen. Im Gegensatz zu einem reinen Rennen wurden bei der 2000-km-Fahrt, die erstmalig 1933 stattfand, Durchschnittsgeschwindigkeiten gefordert, die, erreichte oder übertraf man diese, mit einer Goldmedaille belohnt wurden. Allerdings waren die geforderten Sollzeiten sehr hoch angesetzt, sodass ein rennmäßiges Fahren erforderlich war, um diese einzuhalten. Bei der ersten Fahrt »2000 km durch Deutschland« gingen nahezu 500 Fahrer an den Start. Da Deutschland eine starke Motorradnation war, bildeten Solomotorräder und Beiwagenmaschinen einen großen Teil des Starterfelds. 1934 dann stiegen die Starterzahlen stark an. In Baden-Baden starteten 600 Personenkraftwagen, und am zweiten Startpunkt in Leipzig waren es 900 Solomotorräder und 200 Gespanne. Sowohl die Autos als auch die Motorräder mit Beiwagen waren mit zwei Personen besetzt. Es war zudem eine internationale Veranstaltung, an der Teams aus Italien, Dänemark, England, Holland, der Schweiz und der Tschechoslowakei teilnahmen. Auch werksseitig gab es mit den Nennungen von Alfa-Romeo und Lancia ausländische Beteiligungen. Organisatorisch war die Durchführung diese Fahrt eine Mammutaufgabe, die die Organisationsbüros von O.N.S. und D.D.A.C. zu stemmen hatten.

2000 Kilometer durch Deutschland 1934

21.–22. Juli 1934

Veranstalter:
Oberste Nationale Sportbehörde für die deutsche Kraftfahrt (O.N.S.)

AUSSCHREIBUNG

Organisiert nach den Internationalen Sportgesetzen der AIACR und FICM sowie den Nationalen Sportgesetzen der ONS

Die Ausschreibung zur 2000-km-Fahrt 1934 …

… und das offizielle Programm.

2000-Kilometer-Fahrt durch Deutschland, 21.- 27. Juli 1934. Die Siegerfahrzeuge mit Lorbeerkranz.

Allein in Baden-Baden dauerte es fünfeinhalb Stunden, bis auch der letzte der 600 Pkw auf die Strecke gegangen war, in Leipzig waren es bei 1100 Motorrädern knapp neuneinhalb Stunden. Die Kontrollstellen wurden ohne anzuhalten durchfahren, es war Aufgabe der Funktionäre, die Nummern der durchbrausenden Fahrzeuge zu notieren. Bei dem damals noch löchrigen Tankstellennetz war es notwendig, zusätzliche Spritdepots einzurichten, um die Kraftstoffversorgung der Teilnehmer sicherzustellen. Diese waren weitestgehend auf sich selbst gestellt. Alle Reparaturarbeiten und Wartungen durften nur von Fahrer und Beifahrer vorgenommen werden, so dass die Fahrzeuge ein entsprechendes Werkzeug- und Teiledepot mitführen mussten.

Otto Müller bei Wartungsarbeiten an dem 500 K Stromlinie.

»In Baden-Baden starteten 600 Personenkraftwagen«.

Die Mercedes-Benz-Armada

Diese Maßnahme wurde getroffen, um die Werksfahrer nicht gegenüber den Privatfahrern zu bevorteilen.

Die Daimler-Benz AG stellte sich dieser Aufgabe mit einem großen Team, in dem fast alle Fahrzeuge der Produktpalette vertreten waren. Hier die vier Seiten umfassende Liste der teilnehmenden Mercedes-Benz-Fahrzeuge:

Stuttgart-Untertürkheim, den 11.7.34
Werbezentrale SS/Ki.

2000 km-Fahrt durch Deutschland 1934!

Verzeichnis
der auf MERCEDES-BENZ startenden Fahrer
(die mit einem F Bezeichneten starten auf roten Fabrikwagen).

Start-Nr.	Namen der Fahrer:	Typ:		
1	W.Lüps, Hamburg R.Schirer, Meisenheim	MERCEDES-BENZ		7,1 Ltr.
2	G.Lehmann, Gr.Gastrose E.Briesemann, Berlin	"	"	7, 1 Ltr.
3	Frank-Rosenthal, Berlin R.Graf v.Platen-Hallermund,Bln.	"	"	6,8 Ltr.
4	J.H.Reichel, Berlin G.Wickel, Berlin	"	"	6,8 Ltr.
6	L.Engels, Duisburg F. Ristau, Duisburg	"	"	6,2 Ltr.
7	C.O.Tübcke, Berlin G.J.Sieber, Berlin	"	"	6,2 Ltr.
10 F	H.J.Bernet, Berlin Müller, Untertürkheim	"	"	5 Ltr. K
11 F	Lauenstein, Untertürkheim Otto, Frankfurt/M.	"	"	5 Ltr. K
12 F	E. Henne, München Walz, Untertürkheim	"	"	5 Ltr. K
13 F	Uhlenhaut, Untertürkheim Wemmer, Untertürkheim	"	"	5 Ltr. K
14 F	Geier, Untertürkheim Lindenmeier, Untertürkheim	"	"	5 Ltr. K
15 F	Carl Kappler, Gernsbach Hägele, Untertürkheim	"	"	5 Ltr. K
21	W. Hof, Berlin F. Barthruff, Berlin	"	"	4 Ltr.
23	K. Rudolphi, Berlin A. Köckeritz, Berlin	"	"	4 Ltr.
31	M.Prinz zu Schaumburg-Lippe,Cladow W.Merz, Untertürkheim	"	"	3,8 Ltr.

-2-

Start-Nr.	Namen der Fahrer:	Typ:		
34	F.Hildsberg, Dresden K. Bellmann, Dresden	MERCEDES-BENZ		3,8 Ltr.
36	J.T.Keng-Oegstgeest/Holl.	"	"	3,8 Ltr.
37	H. Zander, Berlin A.Fleming, Berlin	"	"	3,8 Ltr.
38	A.v.Borries, Berlin P.Fischer, Berlin	"	"	3,8 Ltr.
39	H.Görg, Schloss Bieberstein E.Pillardy, Kassel	"	"	3,8 Ltr.
40	G.Ditzel, Meckesheim W.Ditzel,Meckesheim	"	"	3,8 Ltr.
114 F	V. Brack, München H. Mayer, München	"	"	2,9 Ltr.
115 F	K.Frhr.Michel v.Tüssling,München K. Hain, München	"	"	2,9 Ltr.
116 F	F.Hedderich, München E.A.Prinz v.Hannover	"	"	2,9 Ltr.
117 F	G. Marx, Frankfurt/O. G.Körner, Landsberg	"	"	2 Ltr.
118	Dr.E.Blum, München-Gladbach G. Blum	"	"	2,9 Ltr.
119	Dr.W.Fehlow, Berlin E. Voss, Berlin	"	"	2,9 Ltr.
120 F	Nathusius, Magdeburg Laichinger, Untertürkheim	"	"	2,9 Ltr.
121 F	Köppen, Berlin G.Sailer, Untertürkheim	"	"	2,9 Ltr.
122 F	Plange, Düsseldorf Salzer, Untertürkheim	"	"	2,9 Ltr.
123 F	Prinz Ch.v.Hessen, Berlin Prinz R.v.Hessen, Frankfurt/M.	"	"	2,9 Ltr.
124	F. Weik, Berlin W. Dombrowski, Berlin	"	"	2,9 Ltr.
125	G.Burkhardt, Berlin A.Löbera, Berlin	"	"	2,9 Ltr.
126	J. Schultze, Magdeburg W.Hollburg, Magdeburg	"	"	2,9 Ltr.

-3-

Start-Nr.	Namen der Fahrer:	Typ:
181	Oblt.Holzheuer, Stuttgart Stgfr.Bögler, Stuttgart	MERCEDES-BENZ 2 Ltr.
182	Oblt.Paechter, Stuttgart O'Schirrmstr.Rotthaus, Stuttgart	" " 2 Ltr.
183	Oblt.Berger, Stuttgart Ob.Kraftf.Leyer, Stuttgart	" " 2 Ltr.
188	Oblt.Kohler, München Oblt. v. Rom, München	" " 2 Ltr.
190	Dr. R. Hagitte, Strehla J. Hagitte, Strehla	" " 2 Ltr.
198	W. Mahrenholz, Berlin W. Ludwig, Berlin	" " 2 Ltr.
199	E. Gerberich, Mannheim G. Schneider, Mannheim	" " 2 Ltr.
215 F	Gauditz, Halle P. Jonek, Gaensefurth	" " 2 Ltr.
216 F	G.v.Walthausen, Königsberg F.Kallipke, Königsberg	" " 2 Ltr.
217 F	M. Wisch, Dortmund A. Thiel, Dortmund	" " 2 Ltr.
218 F	J. Schumm, Frankfurt/M.	" " 2 Ltr.
219	L. Nauth, Mainz W. Köhler, Mainz	" " 2 Ltr.
221	Frhr.Oppen v.Huldenberg, Ebersw. H. Malcomess, Berlin	" " 2 Ltr.
223	A. Schorling, Nienburg Dr. K. Arand, Stelle	" " 2 Ltr.
224	W. Fennel, Magdeburg C. Hüter, Magdeburg	" " 2 Ltr.
225	R. Braune, Leipzig P. Strödel, Leipzig	" " 2 Ltr.
228 F	F. Emminger, Stuttgart W. Oesterlein, Stuttgart	" " 2 Ltr.
229 F	Sommer, Stuttgart Scherer, Stuttgart	" " 2 Ltr.
230 F	W. Briem, Ludwigsburg E. Knodel, Stuttgart	" " 2 Ltr.

-4-

Start-Nr.	Namen der Fahrer:	Typ:	
267	F. Gottron, Mainz R. Schneider, Darmstadt	MERCEDES-BENZ	1,7 Ltr.
268	A. Schneider, Ulm K.H.Ackermann, Ulm	" "	1,7 Ltr.
269	Dr. E. Hahn, Stuttgart K. Gehr, Stuttgart	" "	1,7 Ltr.
270	Dr. O. Kirsten, Nossen H. Hillert, Nossen	" "	1,7 Ltr.
271	P. Peolinsky, Stettin H. Steinke, Stettin	" "	1,7 Ltr.
272	C. Fröhlich, Angermünde W. Bartsch, Angermünde	" "	1,7 Ltr.
281	A.B.Randebrock, Naumburg W. Otto, Naumburg	" "	1,7 Ltr.
282	G. Jaeger, Cottbus H.C.Schnitter, Cottbus	" "	1,7 Ltr.
363 F	Stahl, Mannheim Frey, Untertürkheim	" "	1,5 Ltr.
364 F	Hirte, Berlin Binnig, Untertürkheim	" "	1,5 Ltr.
365 F	Kasbaum, Untertürkheim Wössner, Untertürkheim	" "	1,5 Ltr.
366 F	Kleyer, Halle Köhler, Untertürkheim	" "	1,5 Ltr.
367 F	Lang, Untertürkheim Gärtner, Untertürkheim	" "	1,5 Ltr.
368 F	Rothweiler, Untertürkheim Schmid, Wilhelm	" "	1,5 Ltr.
430	O.Freiherr v.Breiten-Landenberg, Weigersdorf A.Fringel, Berlin	" "	1,5 Ltr.
481 F	Justi, Nürnberg, Kilian, Nürnberg	" "	1,3 Ltr.
482 F	Garke, Weimar Kuhn, Untertürkheim	" "	1,3 Ltr.
483 F	Hardt, München E. Sailer, Untertürkheim	" "	1,3 Ltr.
484 F	Scholz, Berlin Schneggenburger, Berlin	" "	1,3 Ltr.
485 F	Kraus, Berlin Morgenthaler, Untertürkheim	" "	1,3 Ltr.
486 F	Assenheimer, Heilbronn Gültig	" "	1,3 Ltr.

Als äußerliches Kennzeichen waren alle Werkswagen rot lackiert. Am Start standen sechs 5-Liter-Kompressorwagen, sieben 2,9-Liter, acht 2-Liter, sechs 1,5-Liter und sechs 1,3-Liter-Wagen, eine Armada von 33 Fahrzeugen.

Star der Truppe war der 5-Liter-Stromlinienkompressor, der von dem am 27. Mai 1907 in Berlin-Spandau geborenen Diplomingenieur Hans-Joachim Bernet (mit Monteur Otto Müller) gesteuert wurde. Bernet war seit 1928 mit unterschiedlichen Marken im Automobilsport aktiv und ab 1933 auf Mercedes-Benz unterwegs. Schon 1933 hatte er erfolgreich an den 2000 km durch Deutschland teilgenommen und zudem die Internationale Zielfahrt nach St. Moritz und die Havelländische Nachtorientierungsfahrt gewonnen.

Das Team Hans-Joachim Bernet / Otto Müller.

Hans-Joachim Bernet im Gespräch mit Manfred von Brauchitsch und Rudolf Caracciola während Rekordfahrten auf der Avus 1936.

Die teilnehmenden Werkswagen.

Coupé und Roadster am Start.

Die Roadster, die von Rudolf Uhlenhaut und den Nachwuchs-GP-Fahrern Ernst Henne und Hans Geier gefahren wurden, hatten den kurzen Radstand. (Geier hatte schon 1933 bei der 2000-km-Fahrt den Mannschaftspreis erringen können.) Der kurze Radstand maß 2980 mm bei einer Gesamtlänge von 4880 mm. Das Stromliniencoupé verfügte über den normalen Radstand von 3290 mm. Das Gewicht des Coupés allerdings entsprach mit 2250 kg dem der Roadster.

Knapper Blick ins Cockpit des Roadsters.

Uhlenhaut war 1931 als frisch gebackener Ingenieur zu Daimler-Benz gekommen. Schon 1934 war er Abteilungsleiter der Fahrabteilung und Fertigmacherei, und 1935 wurde er zum Versuchsingenieur der Pkw-Entwicklung. Schon damals war sein ausgesprochenes Fahrtalent zu erkennen. Auch im Jahr zuvor hatte er mit zur Siegermannschaft gehört. Diese beiden Einsätze sollten jedoch für ihn die einzigen Teilnahmen an offiziellen Rennveranstaltungen bleiben.[12] Zusammen mit seinem Monteur Karl Wemmer, dem Team Hans Geier mit Georg Lindenmaier sowie Karl Kappler mit Hermann Hägele bildeten diese Herren das Mannschaftsteam in der Gruppe I.

Neben dem zweisitzigen 500er Coupé waren auch die 1,5-Liter-Wagen aerodynamisch gestaltet. Die Zeitschrift *Motor und Sport* bemerkte dazu:

»Daimler-Benz kam mit einer Sensation in Gestalt eines neuen Heckmotorwagens mit kopfgesteuertem 1½ -Liter-Motor heraus. Die Konstruktion unterscheidet sich von dem des 1,3-Liter-Wagens grundsätzlich dadurch, dass der Motor vor der Achse liegt. Dadurch geht zwar nutzbarer Innenraum verloren, aber die Fahreigenschaften dürften in hohem Maße gewonnen haben, was gerade für diesen Wagen von Wichtigkeit ist, weil es sich um ein ausgesprochenes Sportmodell handelt. Interessant ist an der Konstruktion dieses Sportwagens seine völlig geschlossene Form, die stromlinienförmig verläuft.

Die neue Anordnung des Heckmotors ermöglicht eine besonders zweckmäßige Formgebung des Hinterteils des Wagens. Außerdem brachte Mercedes den neuen 5-Liter-»Autobahnkurier« als zweisitzigen Sportwagen heraus.«[13]

Der Typ 150 (W 30) war ein echter Mittelmotorsportwagen, ganz in der Tradition des Benz-Tropfenwagens. Mit seinen 55 PS erreichte der Wagen 131 km/h. Max Wagner hatte im November 1933 anlässlich einer technischen Vorstandssitzung den Vorständen Hans Nibel und Otto Hoppe den Vorschlag zu diesem Sportwagenkonzept gemacht und war damit durchgedrungen.

12 Vgl. Scheller, Wolfgang; Pollak, Thomas: „Rudolf Uhlenhaut Ingenieur und Gentleman. Der Vater des Mercedes 300 SL", Königswinter, 2015.
13 Motor und Sport, Heft 30, Pössneck, 29. Juli 1934, S. 11.

Die Stromlinienvariante des Typs 150 bei den 2000 km von 1934 am Start in Baden-Baden.

Das Team Kasbaum/Wössner gewann auf dem Typ 150 die Goldene Medaille.

Fahrgestell des Typs 150.

Motor des Typs 150.

Im Protokoll ist dazu vermerkt:
»Bei der Besprechung des Heckantriebswagens selbst legte Herr Wagner einen gesamten Entwurf eines Heckantriebs-Sportwagens vor, der, wie allgemein anerkannt, das zukünftige deutsche Sportfahrzeug für die breiten Schichten werden könnte. Es ist ein 2-sitziges Stromlinienfahrzeug, bei dem jedoch der Motor nicht hinter, sondern vor der Hinterachskonstruktion liegt.«

Der käufliche Sport-Roadster Typ 150.

Der erste Einsatz dieses Wagens war für die Fahrt »2000 km durch Deutschland« projektiert. Im Vorfeld vermeldete die Presseabteilung in einem Rundschreiben vom 18. Juli 1934: *»Leuchtendes Rot wird bei der ›2000 km Fahrt durch Deutschland‹ die von der Daimler-Benz AG als Fabrikwagen gemeldeten Mercedes-Benz-Wagen unter den 650 teilnehmenden Automobilen kennzeichnen. Auf ihnen werden neben bekannten Herrenfahrern u. a. der Motorrad-Weltrekordmann Ernst Henne und Hans Geier, der bei seinem erstmaligen Rennwagenstart beim ›Großen Preis von Deutschland‹ so ausgezeichnete Leistungen zeigte, starten ... Mit insgesamt 74 Wagen stellt die Daimler-Benz AG Beispiele fast ihres gesamten Produktionsprogrammes an Personenwagen an den Start. Die Obergrenze bilden die (2) mächtigen 7,1-Liter-Kompressorwagen mit ihren 160/200 PS, die untere Grenze die (6) so schnell populär gewordenen kleinen Mercedes-Benz Heckmotorwagen Typ 130 mit 26 PS. Besonderes Interesse werden zwei neue Typen finden, die hier erstmals an einer Konkurrenz teilnehmen: mit 7 Wagen ist vertreten der schnelle Mercedes-Benz-Sportwagen mit 1,5-Liter-Heckmotor und mit 6 Wagen der moderne Schnellreisewagen Typ 500 mit 5-Liter-Kompressormotor (100/160 PS), der als ›Autobahnkurierwagen‹ schon viel von sich reden machte. Neben ihm starten je 2 Wagen mit 4-Liter-, 6,2-Liter- und 6,8-Liter-Motoren sowie 7 Wagen mit 3,8 Liter Hubvolumen. Da es sich um eine Gebrauchswagenprüfung handelt, besteht das Hauptkontingent der Mercedes-Benz-Wagen aus mittelstarken Wagen, die mit 12 Vollschwingachsern mit Sechszylindermotoren vom Typ 290 (2,9 Liter), 20 vom Typ 200 (2 Liter) und 8 vom Typ 170 (1,7 Liter) vertreten sind.«*

Die Veranstaltung selbst wurde von der Daimler-Benz AG generalstabsmäßig geplant. So erhielten alle betroffenen Verkaufsstellen über ein internes Rundschreiben genaue Anweisungen, wie sie die Fahrt zu begleiten hatten. Betroffen waren die Verkaufsstellenbezirke Baden-Baden, Karlsruhe, Freiburg, Stuttgart, München, Nürnberg, Weimar, Leipzig, Berlin, Magdeburg, Hannover, Bielefeld, Dortmund, Köln, Koblenz, Frankfurt a. M. und Mannheim.

Dass dabei nichts dem Zufall überlassen werden sollte, belegen auch die Anweisungen für die Verkaufsstellen Freiburg, Ulm a. D., München, Nürnberg, Berlin (Avus-Nord-Tor), Magdeburg, Kassel, Dortmund, Köln, Frankfurt a. M. und Heidelberg, die in dem Rundschreiben wie folgt präzise erläutert wurden: *»Dieser Meldedienst funktioniert wie folgt: An einer geeignet erscheinenden Stelle der Strecke, wo Sie eine zuverlässige Telefonmöglichkeit haben, richten Sie einen aus drei Herren bestehenden*

Und nochmals in Farbe: Der käufliche Sport-Roadster Typ 150 im leuchtenden Rot.

Armaturenbrett des Typs 150.

Nachrichtendienst ein, der zu den entsprechenden Durchfahrtzeiten, d. h. ab ½ Stunde vor dem ersten Wagen bis ½ Stunde nach dem letzten Wagen dort Dienst zu versehen hat. Einer der Beamten führt eine Liste, in die er alle Nummern der durchfahrenden Wagen sowie die genaue Durchfahrtszeit (Stunde und Minute) mit Tintenschrift einträgt. Der zweite Beamte führt eine Gegenkontrolle, insbesondere für den Fall, dass Mengendurchfahrten kommen. Der dritte Beamte bedient das Telefon. Er hat während der Durchfahrtszeit eineinhalbstündlich telefonisch durch dringendes Gespräch Meldung an die Meldestelle der Werbezentrale zumachen. Wir haben die Post Baden-Baden angewiesen, Sie automatisch mit einem der für uns reservierten freien Apparate zu verbinden, damit keine Verzögerung entsteht. Eine solche Meldung sieht etwa wie folgt aus: »Hier Durchfahrtstelle München, am Telefon Herr X. Passiert hat 9.20 Nr. 12, 9.24 Nr. 16, 9.30 Nr. 44, 9.52 Nr. 106 usw. usw.«[14]

Wartungsarbeiten und Reifenwechsel, im Hintergrund Stromlinie und Roadster.

14 Daimler-Benz AG, Rundschreiben Nr. 46 an alle Verkaufsstellen, 5. Juli 1934.

Kein Rennen, aber schnell

Mercedes-Benz Typ 130 (W 23).

Die erforderlichen Durchschnittsgeschwindigkeiten, die erreicht bzw. übertroffen werden mussten, waren für die unterschiedlichen Klassen und Fahrzeugkategorien wie folgt festgelegt:

WG XII	Motorräder bis 200 ccm	56
WG XI	Motorräder bis 350 ccm	62
WG X	Motorräder bis 500 ccm	64
WG IX	Motorräder über 500 ccm	68
WG VIII	Motorräder mit Seitenwagen bis 600 ccm	60
WG VII	Motorräder mit Seitenwagen über 600 ccm	66
WG VI	Wagen bis 1000 ccm	64
WG V	Wagen über 1000–1500 ccm	72
WG IV	Wagen über 1500–2000 ccm	76
WG III	Wagen über 2000–3000 ccm	80
WG II	Wagen über 3000–4000 ccm	84
WG I	Wagen über 4000 ccm	88

Fahrgestell des Typs 130.

Der Start erfolgte am 21. Juli 1934, für die Autos in Baden-Baden von 3 Uhr bis 9.25 Uhr, für Solomotorräder in Leipzig ab 14 Uhr und für Gespanne ebenfalls in Leipzig ab 23 Uhr.

Allein 147 Mercedes-Benz Fahrzeuge waren in allen Klassen bis auf die Wertungsgruppe VI am Start. In der Klasse V war der Heckmotorwagen Typ 130 (W 23) für Mercedes-Benz im Einsatz. Allein in der Wertungsklasse V (1000–1500 ccm) dominierten zahlenmäßig BMW und Hanomag, die je 45 Fahrzeuge an den Start brachten, und natürlich die Auto Union mit ihren Marken Horch, Wanderer, Audi und DKW. In der größten Klasse aber waren die Mercedes-Benz-Kompressorwagen mit 14 Fahrzeugen zahlenmäßig überlegen. Neben drei Horch und einem Fafnir waren ansonsten nur noch »Ausländer« wie Packard, Cadillac, Buick, Chrysler und Auburn in der Klasse I vertreten.

Stromlinie und zwei Roadster des 500 Kompressor am Start in Baden-Baden.

Bernet mit dem 500 K Stromlinie bei einer Durchfahrtskontrolle.

Nach dem Start in Baden-Baden ging es in den Schwarzwald zur berüchtigten Schauinsland-Bergrennstrecke und dann zum Feldberg. Über Ulm ging es weiter nach München, wo die erste Zwischenkontrolle positioniert war. Hier wurden, wie später dann in Berlin und Dortmund, die Teilnehmer ausgesiebt, die nicht mehr in der Lage waren, das Ziel in der Sollzeit zu erreichen. Die in Leipzig startenden Zweiradartisten hatten es leichter, sie starteten im Flachland und mussten lediglich knapp 1190 km bewältigen.

Ein Teilnehmer, der mit seinem Röhr-Junior 6/30 PS in der 1,5-Liter-Klasse (Wertungsklasse V) teilgenommen hatte, hielt exemplarisch, profund und analytisch Anforderungen und Erfordernisse der »2000 km durch Deutschland«-Fahrt fest. Mit seinem knapp 100 km/h schnellen Röhr galt es, einen Durchschnitt von

72 km/h zu erzielen, um ins Gold zu kommen. Der Fahrer mit der Nr. 440 schilderte:

»Es ist ein großer Unterschied, ob man zum ersten oder schon zum zweiten Male an den Start einer 2000-km-Fahrt geht. Die Spannung war im vergangenen Jahr größer. Denn wir wussten damals noch nicht, ob es überhaupt möglich sein würde, eine so gewaltige Strecke mit Durchschnitten zurückzulegen, die uns nach allen bisherigen Erfahrungen unerreichbar erscheinen mussten. Aber wir wussten ebenfalls noch nicht, welchen erheblichen Zeitgewinn eine durchweg hervorragende Streckensicherung bringen sollte. Das Ergebnis der ersten 2000-km-Fahrt war für uns alle eine Überraschung. In diesem Jahr gingen wir an den Start ohne das Gefühl der Unsicherheit, ob die verlangten Sollzeiten überhaupt zu fahren seien. Die diesjährige 2000-km-Fahrt war kein Experiment mehr. Auch diejenigen, die jetzt zum ersten Male an den Start gingen, konnten – ein geeignetes Fahrzeug und ausreichende Langstreckenpraxis vorausgesetzt – damit rechnen, die goldene Plakette zu gewinnen – wenn alles gut ging. Und dennoch: 2195 km sind eine enorm lange Strecke, und das gleiche gilt für die Kraftradfahrer, auch wenn diese »nur« 1186 km zu bewältigen hatten. Strecken dieser Länge bergen mancherlei Gefahren. Das Wetter ist nicht vorauszusehen. Niemand weiß vorher, wie lange das Fahrzeug eine so außergewöhnliche Strapazierung vertragen wird. Hinzu kommt die rein körperliche Beanspruchung, die Nervenanspannung und nicht zuletzt die »Tücke des Objekts«, vor der niemand sicher ist. Selbst der beste Fahrer mit dem besten Fahrzeug wird vor dem Start zu einer 2000-km-Fahrt keine Wette abschließen wollen, dass er heil ankommt. Glück oder Pech – das ist auch hier die Frage.

Eine große Sicherheit gibt natürlich das Gefühl, sich und das Fahrzeug auf das gewissenhafteste vorbereitet und nichts, was man unterwegs vielleicht doch brauchen könnte, vergessen zu haben. Die Strecke muss man immerhin soweit kennen, um sich genau darüber im Klaren zu sein, welche Abschnitte Zeit kosten, wann der verlangte Durchschnitt erreicht und wieviel Zeitvorsprung mindestens gewonnen werden muss, um nicht durch zeitraubende Strecken sowie unvorhersehbare Zwischenfälle aller Art aus dem Rennen geworfen zu werden. Vom Start weg auf Rekordzeit zu fahren, hat nur Zweck mit einem Wagen oder Motorrad besonders hoher Leistung. Andernfalls ist es richtiger, unter möglichster Schonung der körperlichen und maschinellen Kräfte nur das sichere Ankommen in der geforderten Sollzeit vor Augen zu haben. Als es in der Frühe des 21. Juli endlich soweit war, als der Starter die letzten Sekunden zählte, und es dann mit Vollgas losging, lag eine Strecke vor uns, deren Ende gar nicht abzusehen war. 2195 km! Annähernd 30 Stunden würden wir jetzt fahren, in jeder Stunde durchschnittlich 72 km! Nicht auszudenken, wie lange das dauern wird! Man muss sich einfach sagen: wir fahren jetzt eine Ewigkeit. Was sind denn schon 30 Stunden. Oder besser noch: überhaupt nicht soweit denken, sondern sich nur auf den Augenblick konzentrieren. Die Zeit wird schon herumgehen, es bleibt ihr ja schließlich nichts anders übrig. Solange man selbst am Steuer sitzt, hat man ja auch zu tun. Schon die erste Strecke, der Länge nach durch den ganzen Schwarzwald führend, durch Kurven bergauf, bergab bis hinunter nach Freiburg, nimmt den Fahrer voll in Anspruch. Er kann sowieso kaum an etwas anderes als nur an das Fahren denken. Doch schon jetzt gab es schon mancherlei zu sehen. In immer kürzeren Abständen werden langsamere Konkurrenten überholt, immer öfters steht einer abseits und repariert. Hin und wieder liegt ein Wagen auch bereits im Graben oder ist bei dem Versuch, einen Baum zu entwurzeln, zweiter Sieger geblieben. Dann gehen die ersten Schnelleren vorbei. Man jagt sich eine Weile mit diesem oder jenem: die 2000-km-Fahrt ist in vollem Gange!

Bis wir aus den Schwarzwaldbergen heraus waren, sind bereits fast 3 Stunden vergangen. Gegenüber unserer Sollzeit haben wir zwar um einige Minuten zugesetzt, aber das hat noch nichts zu bedeuten. Endlose, ebene Strecken liegen ja noch vor uns. Man muss immer erst einige Stunden fahren, um in Höchstform zu kommen, d. h. selbst zur Fahrmaschine zu werden. Es dauert einige Zeit, bis der gesamte Organismus sich völlig und zwar nur auf das Fahren eingestellt hat, bis man an nichts Anderes mehr denkt, bis man nicht mehr weiß, wie lange man nun schon am Steuer sitzt und nicht mehr nachrechnet, wie lange es noch dauern wird. Man weiß nur, oder richtiger: man fühlt sich nur noch als ein Teil, als der Steuermechanismus seines Fahrzeugs. In diesem Zustand werden bei größter Sicherheit Höchstleistungen an Kilometern pro Stunde erreicht. Die Reaktionszeiten gehen auf ein Minimum zurück. Gehirn, Hände, Füße arbeiten automatisch. Zu denken braucht man überhaupt nichts mehr. So vergehen Stunden. Äußere Eindrücke werden kaum noch registriert. Was haben wir von Ulm oder Augsburg, was von den vielen Städten und Dörfern gesehen? Häuserreihen mit Menschen auf den Bürgersteigen. Nur Minuten dauert das jedesmal. Dann war man schon wieder draußen zwischen Feldern, Wiesen, Wäldern. Landschaft – das waren entweder gerade Strecken, auf denen der Tachometer auf 110 stand, oder Kurven, in denen jedesmal die Reifen kreischten. Viel Abwechslung brachte das Überholen und Überholtwerden.

Vorwärts – nur vorwärts, Vorsprung gewinnen, man weiß ja nicht, was noch kommt. Dennoch aber nichts riskieren! Weder für den Motor noch für uns. An warnenden Beispielen fehlt es nicht. Schon so mancher ist abgeirrt, hat seinen Motor überdreht oder sonst ein Malheur angerichtet. Es geht gegen Mittag. München, mit erster Tankpause und Zeitkontrolle, mit dichten Menschenreihen vom ersten bis zum letzten Haus liegt hinter uns, jetzt jagen wir gen Norden, hinauf bis Berlin, jetzt werden wir aufholen, noch mehr Zeitvorsprung gewinnen! Hunger oder Durst? Keine Spur! Von Zeit zu Zeit, aber mehr aus Zeitvertreib, ein Pfirsich, ein Stück Brot, ein Schluck Kaffee und eine Zigarette – das genügt. Wer nicht fährt, kann es sich in unserer Sportlimousine ganz gemütlich machen. Auf den jetzt langen, meist geraden Strecken ist das Neben-dem-Fahrer-Sitzen ja auch nicht so aufregend. Unsere Notierungen ergeben ein ständiges Anwachsen des Zeitvorsprungs und damit ein Gefühl zunehmender Sicherheit und die Hoffnung, durchzuhalten. Der Motor läuft wie ein Uhrwerk, und auch sonst ist alles in guter Ordnung. Die Möglichkeit einer Panne wird kaum noch in Betracht gezogen.

Strecken, die sonst Tagestouren bedeuten, werden in Stunden überwunden. Nürnberg–Bamberg, Thüringen folgt, dann Schleiz–Gera–Zeitz, und schon ist Leipzig nicht mehr fern. Die Hälfte ist bereits geschafft! Schnell bricht die Dämmerung herein, dann gleich hinter Wittenberg stehen schwere Gewitter. Die ersten Tropfen klatschen gegen die Scheibe, dann gießt es. Durch Wasserstaubwolken brausen wir weiter. Schwarz glänzen die Teerstraßen, sie scheinen glatt zu sein. Der Wagen schwimmt – das ist nicht die Straße, sondern eine Reifenpanne hinten links. Rechts ran, raus, in Rekordzeit gewechselt, dazu blitzt es und kracht, durchnässt wieder rein und weiter. Potsdam – Zeitkontrolle auf der Avus – Berlin. Auf dem Rutschasphalt am Adolf-Hitler-Platz fast zu Bruch gegangen. Doch weiter. Der Regen hört auf. Aber irgendwas muss sich da vorne verbogen haben. Die Lenkung schlägt bei hohem Tempo erbärmlich. In Brandenburg rechtes Rad gewechselt, aber ohne Erfolg – die Lenkung rüttelt weiter – wie lange wird sie das aushalten? Wieder Regen und wieder diese schwarz glänzenden Straßen, die das Fernlicht schlucken und glatt sind. Trotzdem gewinnen wir noch Zeit. Als der Harz vor uns liegt, beträgt unser Vorsprung bereits eine Dreiviertelstunde. Wenn es nur erst wieder hell wird, damit wir anhalten und Vorderräder und Lenkung untersuchen können! Der Harz war eine Nachtfahrt durch Staub und Kurven, auf Straßen, mit Löchern übersät. 17 Minuten büßen wir ein. Aber nur die Geduld nicht verlieren – Hauptsache: die Lenkung hält durch! Wieder fahren wir in Kolonne – es sind schon seit Stunden dieselben vor oder hinter uns – dann lange Zeit wieder ganz allein. Göttingen–Kassel, immer noch Nacht. Endlich in der Gegend von Paderborn das erste Dämmern. Die Scheinwerfer verlöschen. Lange Geraden folgen. Alles holen wir wieder auf. Ein Zweiliter geht an uns vorbei. Der Beifahrer zeigt auf unser linkes Vorderrad. Wir begreifen sofort, halten, wechseln aus und weiter geht's. Die Lenkung ist wieder in Ordnung. – Gott sei Dank! Das linke Vorderrad war also verbogen und nicht, wie wir annehmen mussten, das rechte. Jetzt kann uns nichts mehr passieren! Eine Dreiviertelstunde Vorsprung, wieder Tag, kein Regen mehr und nur noch etwa 500 km! Wir werden mit Reserve fahren, denn wozu mehr als 1 Stunde Vorsprung? Die ersten Sonnenstrahlen, und unsere Stimmung ist glänzend. Keine Spur von Müdigkeit. Wir brauchen keine Kola oder sonstige Pillen. Ein Schluck Kaffee genügt. Endlos dieser Zick-Zack-Kurs durch das Ruhrgebiet! Aber auf den Autobahnen vor und hinter Köln wird alles wieder eingeholt. Der Westerwald, das war noch einmal so eine Berg-und-Tal-Fahrt, da jaulen noch einmal die Reifen in den Kurven. Eine herrliche Landschaft, kein Mensch und kein Konkurrent weit und breit. Limburg, Taunus, Frankfurt, das alles zieht wie im Fluge vorüber. Menschen überall, selbst weit draußen auf der Landstraße. Die Städte geflaggt, die Zuschauer begeistert – der »Tag der deutschen Kraftfahrt« –, hier wird er festlich begangen. Dann Darmstadt. Heidelberg–Karlsruhe. Die Schlussetappe beginnt. Es ist Sonntagmittag. Kaum, dass die Bürgersteige für diese Massen ausreichen! Wir haben es nicht mehr so eilig. Die letzten Kilometer können mit aller Reserve gefahren werden. Jetzt darf nichts mehr passieren. Über eine Stunde beträgt unser Zeitvorsprung.

Schön war die Fahrt und schließlich hat doch alles hervorragend geklappt. Mein junger Beifahrer, Hans Struck – es war seine erste Langstreckenfahrt –, hat seine Sache hervorragend gemacht und brav mit durchgehalten. Ebenso der Röhr-Junior. Denn für den Plattfuß bei Gewitter hinter Wittenberg und für das verbogene Vorderrad in Berlin konnte er ja nichts. Das war aber auch alles. Einwandfrei die Organisation der Tankstellen, der Zeitkontrollen. Nicht eine Minute mehr als notwendig haben wir verloren. Und der braune Wall stand wieder wie im Vorjahr. Wir und die Millionen an der Strecke konnten uns auf ihn verlassen. Die letzten Kilometer. Immer dichter fassen die Zuschauer unsere Fahrbahn ein. Je näher das Ziel, desto größer die Begeisterung. Noch wenige Minuten. Schon ist Baden-Baden erreicht und die 2000-km-Fahrt beendet und – gewonnen!«[15]

Die *Allgemeine Automobil Zeitung* (AAZ) kommentierte die Veranstaltung wie folgt:

»Man darf sich nicht verhehlen, dass es unter den Wagen die großen über 4000 ccm am schwersten haben werden. Wenn diese Wagen auch meistens eine Geschwindigkeit bis zu 120 oder

15 Deutsche Kraftfahrt NSKK, Das Organ des Nationalsozialistischen Kraftfahr-Korps und der Motorstürme der SA und SS, Hannover, 15.8.1934, S. 10 – 13.

gar 130 km/h erreichen können, wie oft können sie dies Tempo auch wirklich auf längere Strecke ausfahren? In winklichen Ortschaften müssen sie sogar weiter mit ihrer Geschwindigkeit runter als die kurzen kleinen Wagen, die wie Wiesel um die Ecke flitzen können. Da ist es zu bewundern, dass trotzdem in dieser Klasse 24 Fahrzeuge gemeldet worden sind, um die Strecke mit 88 km/h Durchschnitt zu schaffen. Um wieviel leichter haben es da die 1000-ccm-Wagen, die nur 64 km/h aufzubringen haben, was kaum mehr ist, als man oft ohne jede Straßensicherung fährt.«[16]

Insgesamt waren über 700 Städte, Ortschaften und Dörfer zu durchfahren. Von Baden-Baden ging es nach Freudenstadt und weiter über Freiburg, Donaueschingen, Ulm, Augsburg, München, Ingolstadt, Nürnberg, Bamberg, Kronach. Gera, Zeitz, Leipzig (hier kommen dann die Zwei- und Dreiräder hinzu), Wittenberg, Treuenbrietzen, Potsdam, Avus-Nord-Tor, Nauen, Brandenburg, Magdeburg, Braunlage, Kassel, Paderborn, Unna, Dortmund, Essen, Düsseldorf, Köln, Bonn, Limburg, Frankfurt a. M., Darmstadt, Heidelberg, Durlach zurück nach Baden-Baden. Auf dieser 2200 km langen Strecke waren die Absperrungen so, dass die Teilnehmer nicht mit Gegenverkehr rechnen mussten.

Start für die Stromlinie.

16 Allgemeine Automobil-Zeitung, Nr. 29, Berlin, 1934, S. 14.

Aerodynamik erfolgreich im Wettbewerb

Publikumsliebling der Veranstaltung aber war der zinnoberrote Stromlinienkompressor von Hans-Joachim Bernet / Otto Müller, der die in ihn gesetzten Erwartungen voll erfüllte. Die *AAZ* bemerkte dazu:

»Im 85-km-Durchschnitt hatte Prinz Schaumburg-Lippe seinen auf 4 Ltr. gesteigerten Mercedes-Benz Typ 380 ans Ziel gebracht; froh, sieghaft-glücklich lachend über die schöne, schnelle, pannenlose Fahrt und ihre erfolgreiche Beendigung. Und auch der nächstfolgende Wagen war ein Mercedes-Benz, ein interessanter Typ: der neue Autobahntyp, den wir bisher nur auf der Berliner Autoausstellung gesehen haben. Was der neue 5-Ltr.-Kompressor leistet, der glückliche Sieger und schnellste Fahrer der 2000-km-Fahrt, Hans Joachim Bernet, hat es bewiesen: 91 km Durchschnitt! Und das trotz Tankens, trotz Wolkenbruchs und der doch gewiss nicht leichten Strecke!«[17]

Das bedeutete natürlich eine Goldmedaille für das Team Bernet/Müller. Vom Schnitt her knapp dahinter, aber auch im Gold: Uhlenhaut/Wemmer mit dem Roadster des Typs 500 Kompressor. Wer die Sollzeit nur um bis zu 30 Minuten überzog, erhielt eine Silbermedaille, 60 Minuten bedeuteten Bronze. Insgesamt waren es dann für Mercedes-Benz 26 Goldmedaillen in allen Klassen, drei silberne und drei bronzene Medaillen, dazu kamen noch vier Mannschaftspreise. Drei davon wurden von den Teams der Fabrikmannschaft in der Klasse IV (Wagen von 1500–2000 ccm) gewonnen.

Dass der Blick von Presse und Öffentlichkeit auch auf den neuen Stromlinienfahrzeugen lag, zeigt ein Kommentar der *AAZ*: *»Besonders wertvoll ist die Teilnahme der Reichsautobahnwagen, denn die hierbei gesammelten Erfahrungen werden den Autobahnen zugutekommen. Im Rahmen der Fahrt soll auch nach Möglichkeit die Wirksamkeit der Stromlinie erprobt werden.«*[18]
Von den insgesamt 603 Automobilen gelangten 327 ins Ziel in Baden-Baden. Von diesen gewannen 247 eine Goldmedaille, 31 Fahrer die Silbermedaille und 29 die Bronzemedaille, 20 Fahrer kamen wegen zu großer Zeitüberschreitung nicht in die Wertung. Bei den Motorrädern kamen von 1046 Startern 698 an. Gold gab es 585-mal, Silber 53- und Bronze 26-mal. 36 Fahrer kamen nicht in die Wertung.

Mercedes-Benz wirbt mit seinen Erfolgen bei der 2000-km-Fahrt 1934, hier in der Doppelausgabe 30+31 der *ADAC Motorwelt* vom 3. August 1934.

17 Allgemeine Automobil-Zeitung Nr. 30, Berlin, 1934, S. 8.
18 Allgemeine Automobil-Zeitung Nr. 29, Berlin, 1934, S. 14.

Dass eine solche Mammutveranstaltung auch jede Menge Aus- und Unfälle zeitigte, war auch bei penibelster Vorbereitung der Strecke nicht vermeidbar. Insgesamt starben vier Fahrer, drei Motorradpiloten und ein Autolenker. Die Presse vermerkte es mit dem Pathos der damaligen Zeit:

»Angesicht des Todes von Kameraden ist es nicht der Platz, zu fragen, ob ein Fehler im Material, ob Unvollkommenheit der Straße, ob der strömende Regen und das Gewitter oder allzu kühner Ehrgeiz die Ursachen der schweren Unfälle waren. Sie alle vier hatten das Ziel vor Augen, sich für Deutschlands Kraftfahrt einzusetzen. Wir danken ihnen über ihr Grab hinaus. Wir senken in Ehrfurcht vor ihnen die Fahnen. Wir hatten drei Kameraden. Wir werden in ihrem Sinne für Deutschlands Kraftfahrt kämpfen.«[19]

Zusammenfassend kommentierte *Motor und Sport* die Veranstaltung resümierend wie folgt:

»Der 4-Liter-Mercedes-Benz mit seinem Kompressor ist ein an sich leistungsfähigerer Wagen als der letztjährige Horch und müsste schon durch seine größere Beschleunigung ohne große Fahrkunststücke eine höhere Geschwindigkeit herausholen können. Aber die Straßenverhältnisse setzen der Geschwindigkeit eben auch hier Grenzen. Wenn man nun hingegen die Leistungen der kleinsten Wagen betrachtet, ist man erstaunt, feststellen zu müssen, dass sie beinah so gut wie die ganz großen Wagen sind. Die 2000-km-Fahrt lehrt: Kleinwagen für normale Straßen, große Wagen für die Autobahnen!«[20]

Ob dieser Erfolge vermeldet der Mercedes-Benz-Presse-Informationsdienst:

»Wiederum haben die Mercedes-Benz-Fahrer hervorragend abgeschnitten. Auf großen Wagen traf als Erster Max Prinz zu Schaumburg-Lippe am Sonntagmorgen um 6.51 Uhr in Baden-Baden ein. Von den 48 gestarteten Wagen der Wertungsgruppe II (3000 bis 4000 ccm Hubraum), denen für die 2000 km lange Strecke eine Durchschnittsgeschwindigkeit von 84 km/std vorgeschrieben war, konnte er allein das Ziel in der vorgeschriebenen Zeit erreichen und erhielt dafür auf seinem 3,8 lt Mercedes-Benz-Kompressorwagen als Einziger seiner Klasse die Goldene Medaille. Kurz nach ihm gingen Hans Joachim Bernet – Berlin auf dem Mercedes-Benz 5 Liter Autobahn-Kurierwagen mit 91,2 km/std Gesamtdurchschnitt und Uhlenhaut – Wemmer – Untertürkheim auf dem neuen Mercedes-Benz 5 Liter Kompressortyp mit 89,8 km/std durchs Ziel.

Offizielles Ergebnis der „2000 Kilometer durch Deutschland"

21. bis 22. Juli 1934

Start-Nr.	Namen der Fahrer	Zugehörigkeit	Lizenz oder Ausw. 1.	2.	Fabrikat	ccm	Soll-Fahrzeit St.:Min.	Ist-Fahrzeit St.:Min.	Zeit- – Gew. + Verl.	Durchschnitts-geschw. km/Std.	Preis in *)
	Gruppe I. Personenkraftwagen über 4000 ccm; 88 km/Std. Durchschnittsgeschwindigkeit; 24 Std. 58 Min. Sollfahrzeit. Gemeldet: 23; Gestartet: 20; Am Ziel: 3; Gewertet: 3 Fahrzeuge.										
3	U. Franck-Rosenthal, Berlin — R. Graf v. Platen-Hallermund, Berlin	DDAC	L	L	Mercedes-Benz	6740	24:58	25:05	+0.07	87,5	S.
10	H. J. Bernet, Berlin — Müller, Untertürkheim	DDAC	L	A	Mercedes-Benz	5018	24:58	24:16	–0:42	90,5	G.
13	R. Uhlenhaut, Untertürkheim — K. Wemmer, Untertürkh.	SS	L	A	Mercedes-Benz	5018	24:58	24:26	–0:32	89,8	G.
	Gruppe II. Personen-Kraftwagen über 3000-4000 ccm; 84 km/Std. Durchschnittsgeschwindigkeit; 26 Std. 09 Min. Sollfahrzeit. Gemeldet: 56; Gestartet: 50; Am Ziel: 6; Gewertet: 4 Fahrzeuge.										
31	M. Prinz zu Schaumburg-Lippe, Cladow — O. Kühn, Untertürkheim	NSKK	L	L	Mercedes-Benz	4000	26:09	25:51	–0:18	85,0	G.
39	H. Görg, Bieberstein — E. Pillardy, Kassel	DDAC	L	L	Mercedes-Benz	3796	26:09	27:29	+1:20	79,9	—
42	H. Dalsgard, Kopenhagen — V. Hofmeyer, Kopenhagen	Dän.	L	L	Ford	3200	26:09	26:57	+0:48	81,5	B.
50	Ch. Polis, Maastricht — P. Weber, Maastricht	Holl.	L	L	Ford	3605	26:09	27:38	+1:29	79,5	—
73	G. Hentschel, Hannover — L. Hannemann, Berlin	DDAC	L	A	Ford	3236	26:09	26:26	+0:17	83,1	S.
82	A. J. von de Kamp, St. Oedenrode — Lamberts, Hemelbrüch	Holl.	L	L	Ford	3604	26:09	26:41	+0:32	82,3	B.

*) Es bedeuten G = Gold S = Silber B = Bronze — = nicht gewertet.

3

Eine Seite aus dem offiziellen Schlussbericht.

Nur diese beiden Fahrer vermochten in Wertungsgruppe I über 4000 ccm Hubraum von den 20 gestarteten Wagen die vorgeschriebene Sollzeit einzuhalten. Infolgedessen erhielt auch hier Mercedes-Benz die beiden einzigen zur Verteilung gelangenden Goldenen Medaillen und die einzige Silberne Medaille, die Nr. 3 Franck – Rosenthal – Berlin auf 6,8 Liter Mercedes-Benz SS errang. Mercedes-Benz ist somit in den beiden stärksten Kategorien unbedingter Sieger, da alle in- und ausländischen Fabrikate überhaupt nicht mehr gewertet wurden.«[21]

19 Allgemeine Automobil-Zeitung, Nr. 30, Berlin, 1934, S. 6.
20 Motor und Sport, Heft 30, Pössneck, 29. Juli 1934, S.16
21 Mercedes-Benz-Presse-Informationsdienst vom 22.7.1934, Seite 1.

2000-km-Fahrt 21.—22. Juli 1934

Start-Nummer

Meldestelle	km	1			2			3			4			6		
		Durchf. Zeit	Fahrzt. in Std.	Durchschnittl. Fahrzt.	Durchf. Zeit	Fahrzt. in Std.	Durchschnittl. Fahrzt.	Durchf. Zeit	Fahrzt. in Std.	Durchschnittl. Fahrzt.	Durchf. Zeit	Fahrzt. in Std.	Durchschnittl. Fahrzt.	Durchf. Zeit	Fahrzt. in Std.	Durchschnittl. Fahrzt.
Baden-Baden	0	7.15			7.15			7.16			7.16			7.17		
Freiburg	174,6	9.25	2.17	80.5	Ausgeschieden			9.24	2.13	82.0	Ausgeschieden			9.32	2.25	77.5
Ulm	410,6	12.32	5.32	77.5				12.05	4.82	86.0				12.33	5.27	78.5
München	542,7	14.37	7.37	73.8				13.31	6.17	86.7				Ausgeschieden		
Nürnberg	729,1	17.42	10.45	69.6				15.36	8.33	87.8						
Leipzig	1009,2	Ausgeschieden						18.38	11.37	88.9						
Berlin (Avus)	1168,5							20.08	12.87	90.8						
Magdeburg	1325,6							21.58	14.70	90.2						
Kassel	1543,3							0.57	17.68	87.5						
Dortmund	1712,8							2.51	19.58	87.5						
Köln	1827,5							4.10	21.03	86.8						
Frankfurt a.M.	2016,5							6.21	23.08	87.5						
Heidelberg	2099,4							7.20	24.07	87.4						
Baden-Baden	2195,8							8.22	25.10	87.3						
Typ des Wagens		7,1 Liter			7,1 Liter			6,8 Liter			6,8 Liter			6,2 Liter		
Fahrer des Wagens		Lüps			Lehmann			Frank-Rosenthal			Reichel			Engels		

Meldestelle	km	7			10			11			12			13		
		Durchf. Zeit	Fahrzt. in Std.	Durchschnittl. Fahrzt.	Durchf. Zeit	Fahrzt. in Std.	Durchschnittl. Fahrzt.	Durchf. Zeit	Fahrzt. in Std.	Durchschnittl. Fahrzt.	Durchf. Zeit	Fahrzt. in Std.	Durchschnittl. Fahrzt.	Durchf. Zeit	Fahrzt. in Std.	Durchschnittl. Fahrzt.
Baden-Baden	0	7.18			7.19			7.19			7.20			7.20		
Freiburg	174,6	9.41	2.38	73.4	9.24	2.08	84.0	9.47	2.47	70.6	9.29	2.15	81.2	9.22	2.03	86.0
Ulm	410,6	12.54	5.60	73.5	12.03	4.73	87.0	12.46	5.45	76.0	12.19	4.98	82.5	12.03	4.72	87.3
München	542,7	14.31	7.22	75.2	13.31	6.20	87.6	14.17	6.97	78.0	Ausgeschieden			13.30	6.17	88.0
Nürnberg	729,1	17.03	9.72	74.8	15.32	8.22	88.5	16.23	9.07	80.0				15.26	7.97	90.1
Leipzig	1009,2	20.51	13.55	74.6	18.32	11.22	90.0	19.35	12.27	82.3				18.30	11.17	90.5
Berlin (Avus)	1168,5	23.07	15.82	73.8	20.07	12.80	91.3	21.35	14.27	81.8				20.11	12.85	91.0
Magdeburg	1325,6	Ausgeschieden			21.47	14.47	91.6	23.36	16.28	81.5				21.47	14.45	91.5
Kassel	1543,3				0.27	17.13	90.0	2.36	19.28	80.2				0.31	17.18	90.0
Dortmund	1712,8				2.27	18.97	90.3	4.43	21.40	80.2				2.20	18.97	90.0
Köln	1827,5				3.39	20.33	90.0	6.07	22.80	80.3				3.43	20.38	90.0
Frankfurt a.M.	2016,5				5.45	22.43	90.4	9.37	26.30	76.9				5.51	22.52	89.5
Heidelberg	2099,4				6.36	23.28	90.7	10.29	27.17	77.4				6.43	23.38	90.0
Baden-Baden	2195,8				7.30	24.18	91.2	11.28	28.15	78.0				7.47	24.45	89.8
Typ des Wagens		6,2 Liter			5 Liter			5 Liter			5 Liter			5 Liter		
Fahrer des Wagens		C. O. Tübcke			Bernet			Lauenstein			Henne			Uhlenhaut		

Verlangte Durchnittsgeschwindigkeit = 88 km/Std.

Sollankunft für den ersten Fahrer Baden-Baden 8.13 Uhr

Rennverlauf der Siegerfahrzeuge.

Bei der Daimler-Benz AG war man mit den Ergebnissen hoch zufrieden und veröffentlichte unter dem Titel »Mercedes-Benz siegt! 2000 km durch Deutschland 21.–27. Juli 1934« eine Dokumentation, die an die obere Führungsebene verteilt wurde. In dieser ließ man generalstabsmäßig die Veranstaltung Revue passieren. Das Kompendium: ein 4,5 kg schweres Monstrum. Neben dem Programm und vielen Veranstaltungsbildern mit den unterschiedlichen Baureihen fanden sich als Faksimile die eigenen Pressemeldungen und die Berichte aus drei Exemplaren der *Allgemeinen Automobil-Zeitung* und zwei von *Motor und Sport*. Dazu kamen das Werbeplakat und die tabellarische Darstellung der Verläufe der »2000 km durch Deutschland«-Fahrt für die Mercedes-Benz Fahrer. Als letztes fand sich ein umfangreicher Pressespiegel mit allen Berichten und Artikeln der regionalen und überregionalen Tagespresse zur Veranstaltung. Das zeigt, welchen außerordentlichen Stellenwert man dieser Veranstaltung seitens der Daimler-Benz AG beimaß.

Zoltán Glass

Dokumentar der Stromlinie

Zoltán Glass war in den 30er-Jahren ein bekannter Fotograf. Als Motorsport-Enthusiast und Hobby-Motorsportler begleitete er die Rennveranstaltungen mit der Kamera, oft auch im Firmenauftrag. Auftraggeber waren unter anderem Daimler-Benz, Shell, Fiat und die Auto Union mit ihren Konzernmarken DKW, Wanderer, Horch und Audi.

Glass war ein Kind der Donaumonarchie und wurde 1903 in Budapest als Sohn des jüdischen Ehepaars Reszon und Olga Glass geboren. Schon früh begann er mit diversen künstlerischen Tätigkeiten. Er schlug sich als Maler und Karikaturist, aber auch als Schauspieler durch. 1925 ging Glass nach Berlin und fand bei dem *8-Uhr-Blatt* eine Anstellung als Bild- und Kunstredakteur. Hier kam er mit der Fotografie in Berührung und eignete sich sein technisches Grundwissen im Umgang mit dem Fotoapparat an.

1930 wagte er schließlich den Sprung in die Selbständigkeit und gründete, im Vertrauen auf das neue Medium Fotografie, zwei Bildagenturen: »Reclaphot« für Reklamefotografie und »Autophot« für Automobilfotografie. Er knüpfte und unterhielt erstklassige Kontakte zu Fahrern, Veranstaltern und Funktionären und konnte so stets im Zentrum des Geschehens agieren. In den Jahren 1931 bis 1936 besuchte er alle relevanten Renn- und Rekordveranstaltungen und hielt mit seinem geschulten Auge das Besondere fest.

Mercedes-Benz Rekordwagen auf Basis des W 25, fotografiert von Zoltán Glass.

Bis 1936 arbeitete er als Fotograf auch als Mitarbeiter für das *Berliner Tageblatt*, die Entlassung erfolgte aufgrund seiner jüdischen Herkunft. Als der Druck auf die jüdische Bevölkerung in Deutschland durch die Nationalsozialisten immer mehr zunahm, floh Glass 1938 nach England.

Dort konnte er kriegsbedingt wegen seiner deutschen Herkunft anfänglich nicht arbeiten, erst nach seiner Einbürgerung 1948 baute er sich erneut eine Existenz als Werbefotograf auf. Rennen und Automobile nahm er nicht mehr ins Visier, sondern Getränke, Kosmetika und Schmuck.

1964 beendete er seine Tätigkeit und zog mit seiner Lebensgefährtin nach Roquebrune-Cap-Martin an der Cóte d´Azur. Dort starb er im Februar 1981 im Alter von 78 Jahren.

Eine Ikone wird rekonstruiert

Der 500 K mit der Fahrgestell- und Motornummer 105383.

Was passierte mit einem solchen faszinierenden Auto wie der 500 K Stromlinie nach siegreich absolvierter Veranstaltung? Heute käme der Wagen mit Sicherheit ins Museum zu den anderen Ikonen der motorsportlichen Vergangenheit von Mercedes-Benz.

Der Wagen war laut Kommissionsbucheintrag Nr. 17400 mit der Fahrgestellnummer und Motornummer 105383 versehen und mit einer Spezial-Stromlinienkarosserie für die »2000-km-Fahrt durch Deutschland« ausgestattet worden. Es handelt sich dabei laut Eintrag im Karosseriebuch um eine Zapon-Karosserie, also um eine bespannte Holzkarosserie. Die Lackierung erfolgte, wie bei allen Werkswagen, die an dieser Veranstaltung teilnahmen, in speziellem Rot. Die Sitze wurden in schwarzem Leder ausgeführt, das Interieur war mit beigefarbenem Tuch (Code 554) bezogen.
In der Folge wurde der Wagen laut Kommissionsblatt und einer entsprechenden Notiz vom 25.7.1934 Ernst Henne, einem Mitglied der Mercedes-Benz Rennmannschaft von 1934, als Leihwagen zur Verfügung gestellt.

500 K Cabriolet A.

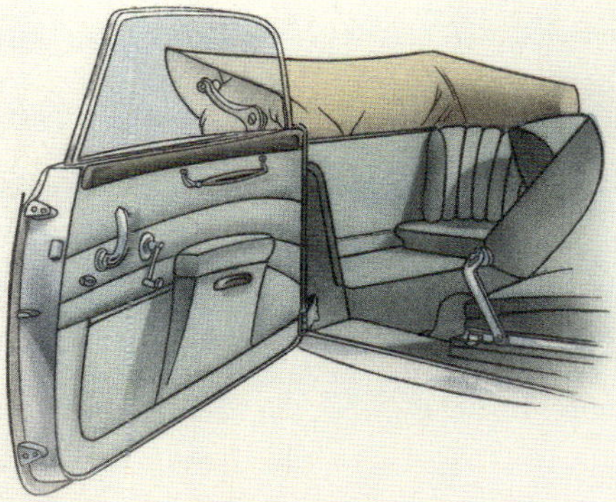

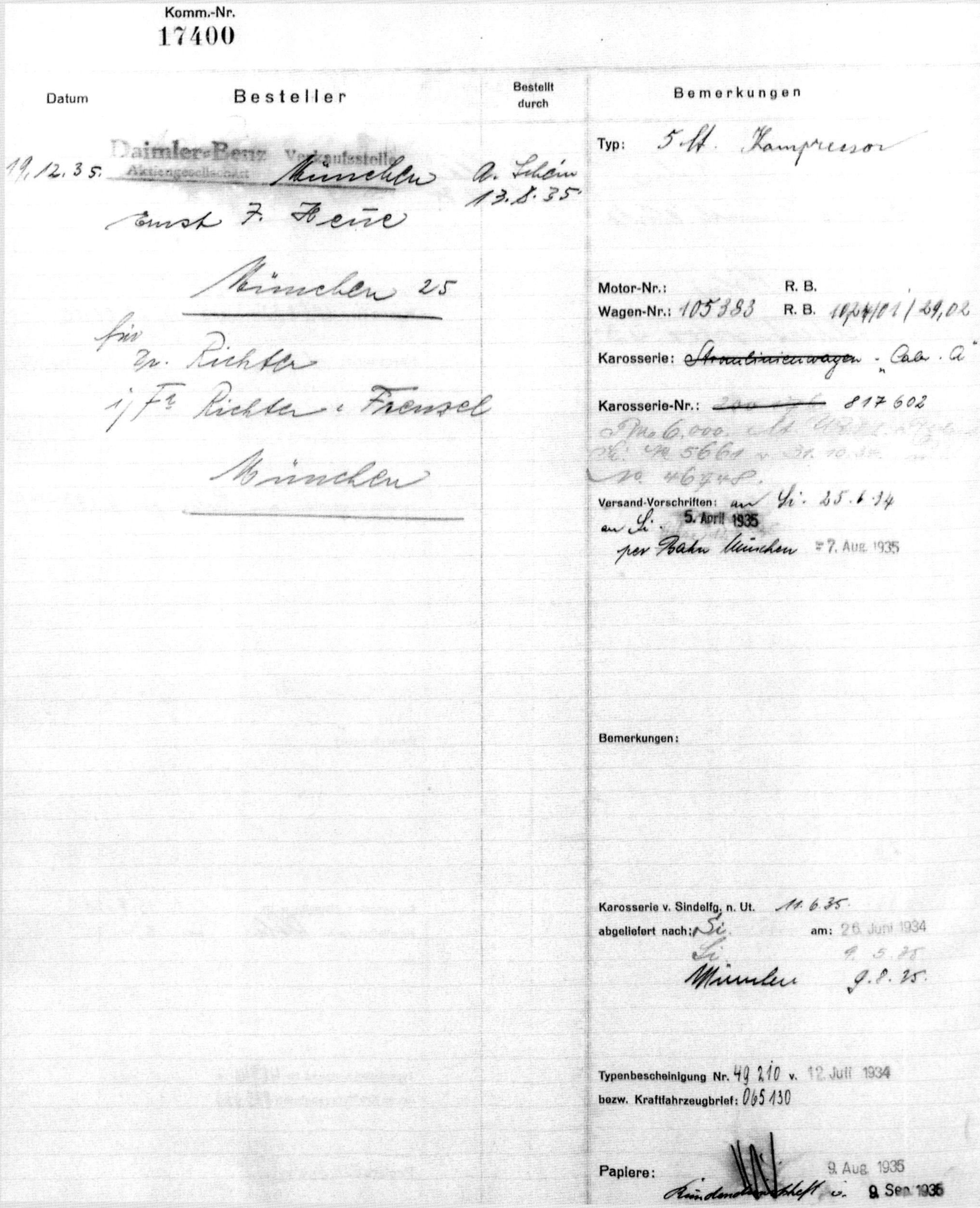

Komm.-Nr.
17400

Datum	Besteller	Bestellt durch	Bemerkungen
19.12.35.	Daimler-Benz Aktiengesellschaft Verkaufsstelle München Ernst F. Henne München 25 für Dr. Richter i/Fa. Richter u. Frenzel München	A. Schein 13.8.35	Typ: 5 Lt. Kompressor Motor-Nr.: R. B. Wagen-Nr.: 105383 R. B. 1024/101/29,02 Karosserie: ~~Stromlinienwagen~~ „Cab. a" Karosserie-Nr.: ~~200 …~~ 817 602 Versand-Vorschriften: an Si. 25.6.34 an Si. 5. April 1935 per Bahn München 7. Aug. 1935 Bemerkungen: Karosserie v. Sindelfg. n. Ut. 11.6.35 abgeliefert nach: Si. am: 26. Juni 1934 Si. 9.5.35 München 9.8.35 Typenbescheinigung Nr. 49 210 v. 12. Juli 1934 bezw. Kraftfahrzeugbrief: 065130 Papiere: 9. Aug. 1935 9. Sep. 1935

Komissionsbuchauszug: Der Eintrag »Stromlinienwagen« wurde durchgestrichen und durch »Cab. a« ersetzt.

Nach Rückgabe des Wagens ans Werk im Frühjahr 1935 wurde das Fahrzeug, wie der Eintrag im Karosseriebuch belegt, mit einer serienmäßigen 500-K-Cabriolet-A-Karosserie versehen. Es ist davon auszugehen, dass die Stromlinienkarosserie verschrottet wurde. Im Kommissionsbucheintrag Nr. 17400 ist »Stromlinienwagen« durchgestrichen und durch »Cab. a« ersetzt.

Das Unternehmen brauchte Geld und konnte sich zu dieser Zeit keine nostalgischen Gefühle leisten. So wurde dann der Wagen 1935 als Mercedes-Benz 500 K Cabriolet A an die Daimler-Benz-Verkaufsstelle München geliefert, die ihn an die Firma Richter und Frenzel in München verkaufte. Dort wurde er von dem Besitzer Dr. Robert Richter gefahren. Die Familie machte mit dem Wagen ausführliche Touren, es ging in die winterlichen Alpen ebenso wie an den Rhein. Laut Eintrag im Karosseriebuch war der Wagen blau lackiert (Code 03329), das Verdeck war grau (Code708). Die Sitze waren mit Leder bezogen (Code 655), das Interieur mit Tuch bespannt (Code 717).

Ausflüge der Familie Richter in die Voralpen und an den Rhein.

Nach dem Krieg wurde der Wagen, wie oft im Fall von Luxusautomobilen, von den Siegermächten requiriert, in diesem Fall von französischen Truppen. Es war der in Deutschland stationierte Geschwader-Kommodore einer französischen Luftwaffeneinheit, der das Auto nach Paris verbrachte. Dort verkaufte er es, und so gelangte der Wagen in den Besitz von Georges Mathieu. Dieser wurde als Sohn einer Bankiersfamilie am 27. Januar 1921 in Boulogne-sur-Mer geboren (er verstarb am 10. Juni 2012 in Paris) und studierte anfänglich Philosophie, Literatur und Jura. 1942 aber wandte er sich den bildenden Künsten zu und debütierte 1946 mit einer Ausstellung seiner Bilder in Paris. Mathieu zählte zu den Vertretern des abstrakten Expressionismus. Aber seine Liebe galt auch Automobilen, und so restaurierte er den Wagen und scheint sich auch, soweit möglich, mit Ersatzteilen eingedeckt zu haben. Das Auto verkaufte er dann nach Amerika, nur um es 1962 wieder zurückzukaufen. In den Jahren 1986 bis 1989 erfolgte dann bei der französischen Karosseriefirma André Lecoq in Paris eine ausführliche Restauration.

Zurück in Paris blieb das A-Cabriolet im Besitz des Malers Georges Mathieu, der es intensiv für seine Malexpeditionen in oder rund um die französische Hauptstadt nutzte. Die große Staffelei dekorativ hinter den Vordersitzen platziert, ging es zu den entsprechenden Locations. Das erregte Aufsehen, und so erschien im französischen *Autojournal* am 6. September 1962 eine Geschichte über Georges Mathieu und seinen außergewöhnlichen Wagen unter dem Titel »Renaissance d'un Monstre Sacré (Die Wiederherstellung des heiligen Monsters)«.

Mathieu fuhr den Wagen bis ins Jahr 2004. Mittlerweile 83 Jahre alt, verkaufte er das Auto über das Auktionshaus Bonhams an Thomas Taffet nach Kalifornien, USA. Von Thomas Taffet wurde der Wagen im Jahr 2009 an die jetzige Eigentümerin, Anna Thomas, verkauft. Nachdem man über den Kommissionsbuchauszug Näheres über den Wagen in Erfahrung gebracht hatte, merkte man erst, welch große Perle in der Auster war. Kein »gewöhnliches A-Cabrio«, sondern eine Ikone der Mercedes-Benz-Motorsportgeschichte, nämlich der 500-Kompressor-Stromlinienwagen, extra für die Deutschlandfahrt 1934 konzipiert und gebaut. So wuchs der Gedanke, dieses außerordentliche Fahrzeug wieder in seinen Originalzustand zu versetzen. In einem ersten Schritt wurde die Hersteller-Expertise zu diesem Fahrzeug bei Mercedes-Benz Classic in Auftrag gegeben, um die Authentizität des Wagens zweifelsfrei zu dokumentieren. Gleichzeitig wurde eine umfangreiche Sammlung an Fotos, Archivalien, Presseberichten und technischen Dokumentationen angelegt. Vor allem die Zoltán-Glass-Bilder von dem 500-Kompressor-Stromlinienwagen bei der Fahrt »2000 km durch Deutschland« waren hilfreich bei der Rekonstruktion der Karosserie.

Das französisches Nummernschild des Wagens.

Der Maler Mathieu mit seiner Staffelei unterwegs in Paris.

Der 500 K in Kalifornien in der Garage von Thomas Taffet.

Die Wiederentdeckung

Unter welchen Kriterien findet nun werksseitig die Originalitätsprüfung statt? Das Wichtigste für die Identität des Fahrzeugs ist das in Augenschein zu nehmende Typenschild. Auf diesem befinden sich bei Vorkriegsfahrzeugen die Kommissionsnummer, die Wagennummer, die der Fahrgestellnummer entspricht, und die Motornummer. Zumeist ist das Typenschild an der Schottwand zwischen Motor- und Fahrgastraum angebracht. Die Fahrgestellnummer ist zudem am Rahmen-Längsträger eingeschlagen und kann so kontrolliert werden. Zudem wird der Rahmen vom Bereich der Zentralen Werkstoffprüfung der Mercedes-Benz AG hinsichtlich der zeitlichen Einordnung der verwendeten Stähle untersucht. Die Prüfung des Motors erfolgt anhand des Motortypenschilds und der eingeschlagenen Motornummer. Auch das Getriebe verfügt über eingeschlagene Seriennummern, genau wie die Lenkung. Ebenso hat die Karosserie einen eigenen Nummernkreis, der auf einer Plakette mit der Aufschrift »Mercedes-Benz Karosserie« vermerkt ist. Zudem sind verschiedene Karosserieanbauteile mit dieser Nummer gestempelt. Anhand dieser Nummernkreise kann im Kommissionsbuch die Historie des Fahrzeugs genau nachverfolgt werden. Diese Kommissionsbücher wurden bei Mercedes-Benz bis zum Jahre 1949 geführt, bis sie durch modernere Verfahren ersetzt wurden. Die »Geburtsurkunde« eines jeden Automobils der »Kommissionsbücherzeit« enthält die Kommissionsnummer – gleichzusetzen mit der Auftragsnummer –, die Motornummer und Wagen- bzw. Fahrgestellnummer sowie die Karosserienummer, die auch an jedem Fahrzeug angebracht wurde.

Weiter finden sich Angaben über den Typ, Baumuster, Art des Aufbaus, Besonderheiten – wenn beispielsweise nur das Chassis hergestellt wurde, um dann von einem der zahlreichen Karossiers mit einem speziellen Aufbau versehen zu werden –, und letztlich natürlich über den Empfänger und das genaue Datum der Fahrzeugauslieferung. In etlichen Büchern ist sogar die Nummer des ausgestellten Kraftfahrzeugbriefes angegeben.

Parallel zu den Kommissionsbüchern wurden Wagen- und Motorbücher geführt, die heute einen unschätzbaren Wert darstellen, da sie zur Auffindung von Daten führen, wenn kein Typenschild mehr vorhanden oder etwa die Fahrgestellnummer unleserlich geworden ist oder geändert wurde. In der Regel sind Motor- und Fahrgestellnummer bis zum Jahre 1939 identisch. Ist zum Bei-

des 500 K Stromlinie

spiel einem Besitzer nur die Motornummer bekannt, kann sich so per Querverweis die Kommissionsnummer feststellen lassen, um dann im entsprechenden Kommissionsbuch die zutreffenden Daten zu entnehmen. Diese Auftragsbücher wurden bis in die vierziger Jahre geführt.

Aber auch für absolute Insider bietet das Konzernarchiv noch Überraschungen. So findet sich bei den Kommissionsbüchern ein ca. 500 Seiten starkes Register, das sogenannte »Eiserne Buch«. Diese im Folioformat gehaltene Dokumentation enthält die Daten der Mercedes-Benz-Typen 170 und 200, der 230 Cabriolets der Varianten A, B und D, der 290 Cabriolets der Varianten A, B, C, D und die der offenen Tourenwagen, der Modelle 500 K und 540 K sowie die Daten des Typs 770 »Großer Mercedes«. Bei den beiden letzteren Typen sind die meisten möglichen Karosserieformen und Einzelanfertigungen, wie beispielsweise der Innenlenker mit zwei Türen, die diversen Kabriolettvarianten, die Spezial-Roadster, die Roadster und Sport-Roadster sowie die Coupés, die Spezial-Coupés, der Autobahnkurier, die Stromlinien-Limousinen und die Pullman-Limousinen verzeichnet. Auch wenn die Farbnummer der jeweiligen Lackierung heute nicht mehr exakt dekodierbar ist, so sind viele der Informationen eine wahre Fundgrube für Restauratoren.

In der Hersteller-Expertise von Mercedes-Benz Classic ist zum Fahrgestell des 500-K-Stromlinienwagens vermerkt: *»Die Wagennummer 105383 am Fahrzeugrahmen stimmt mit dem Kommissionsbucheintrag Nr. 17400 überein und weist einen Mercedes-Benz 500 K aus. Ort der Anbringung und Schriftbild der Schlagzahlen der Wagennummer sind stimmig. Beim Typenschild der Schottwand handelt es sich um eine Nachfertigung. Das Getriebe mit der internen Seriennummer 10290217 und der Getriebenummer 29057 ist dem untersuchten Fahrzeug zuzuordnen. Die Lenkung mit der internen Seriennummer 290229 ist der Baureihe W 29, Serie 102902, zuzuordnen. Die Vorderachse sowie die meisten wesentlichen Bauteile entsprechen der Spezifikation des 500 K, der zweifelsfreie Nachweis der Zuordnung zum Fahrzeug mit der Fahrgestellnummer 105383 ist jedoch nach jetzigem Kenntnisstand nicht in allen Fällen möglich.*

Die Hinterachse weist Elemente des Nachfolgetyps 540 K auf. Die chemische Zusammensetzung des Rahmenstahls entspricht den von Daimler-Benz verwendeten Rahmenstählen für Kompres-

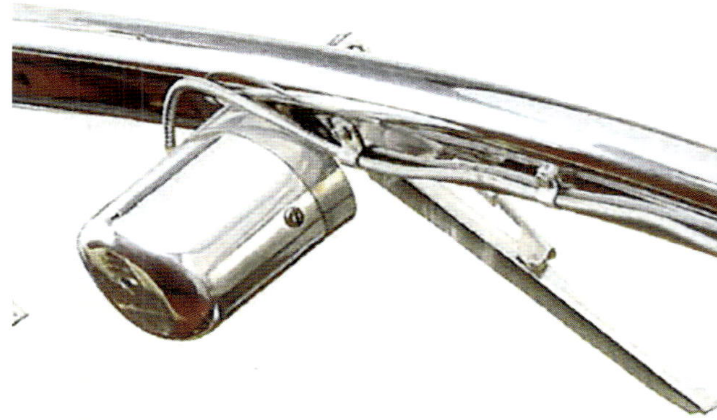

sorwagen der 1930er Jahre. Die Abmessungen des Fahrzeugrahmens entsprechen denen in den Konstruktionszeichnungen des Mercedes-Benz-Archivs, der Rahmen selbst weist keine nachträglichen Veränderungen an der Geometrie auf. Es handelt sich um einen originalen Rahmen in der Ausführung mit normalem Fahrgestell.«

Als der Wagen – wohl Ende der 30er Jahre – einen Tauschmotor erhielt, wurde der mittlerweile verwendete, auf 5,4 l aufgebohrte Motor verbaut. Die Hersteller-Expertise vermerkt dazu: *»Motorblock und Zylinderkopf entsprechen dem Motor eines 540 K. Wichtige Bauteile des Motors tragen originale Kennzeichnungen oder entsprechen originalen Bauteilen dieses Typs. Die eingeschlagene Motornummer 105383 in Verbindung mit der internen Seriennummer 102407.50 deutet auf einen M-24-Tauschmotor hin, der aus der Serie 102407 stammt. Die Fertigung von M-24-Tauschmotoren in der Serie 102407 ist in den Archivbeständen dokumentiert ... Bei den vom Werk gelieferten Tauschmotoren war es üblich, die ursprüngliche Fahrgestellnummer zu verwenden.«*

Damit steht zweifelsfrei fest, dass es sich bei dem Wagen just um jenen handelt, der 1934 so erfolgreich die »2000 km durch Deutschland« absolviert hatte. Auch die nachträglich ausgetauschte Karosserie in Form eines Kabrioletts A mit der Karosserienummer 817602 entspricht dem damaligen Original aus Sindelfinger Fertigung.

Karosseriebau war anfänglich nicht das originäre Geschäft der Automobilhersteller. Der Karosserie- und Fahrzeugbau, ein altes Handwerk, das im Kutschenbau gründet und das sich bis in die heutigen Tage erhalten hat, nahm sich nun auch des Automobils an. Die Kooperation zwischen Automobilhersteller und Aufbaulieferant entwickelte sich zu einem eingespielten Prozess.

Fotodokumentation des Wagens durch Mercedes-Benz Classic.

So hatte beispielsweise Maybach 1921 mit einer eigenen Automobilproduktion begonnen, wobei seine Wagen aus Rahmen, Fahrwerk, Motor, Getriebe, Kühler, Spritzwand und Aggregaten bestanden und in Friedrichshafen fahrbereit zusammengebaut wurden. Für die Aufbauten aber waren Karosseriebauer zuständig, welche sich in der Gestaltung der Karosserien nach den Wünschen der Kunden richteten. Und so wie Maybach agierten auch viele andere Automobilhersteller wie etwa Adler, Audi oder Hanomag. Daimler-Benz, Opel, Brennabor und Stoewer boten ebenfalls »separate« Fahrgestelle an, welche dann mit einer individuellen Karosserie versehen werden konnten.

Das Karossieren erfolgte hier sowohl im Haus als auch, im Fall der separat lieferbaren Fahrgestelle, durch Fremdfirmen. In den Firmen ebenso wie bei den Aufbauherstellern waren es die Karosseriebauer und -zeichner, die für Ausführung und Umsetzung der Karosserien verantwortlich waren. Auch Künstler wie Joseph Maria Olbrich, der 1907 eine durch die geschwungenen Linien des Jugendstils bestimmte Karosserieform für die Firma Opel entwarf, oder Walter Gropius mit seinem Entwurf für die Adler-Automobilwerke aus dem Jahr 1929 lieferten Entwurfszeichnungen für Karosserieaufbauten.

Karosserien für Fahrgestelle wurden unter anderem von den folgenden Unternehmen angeboten: Auer (Stuttgart-Bad-Cannstatt), Autenrieth (Darmstadt), Baur (Stuttgart-Berg), Dörr & Schreck (Frankfurt), Erdmann & Rossi (Berlin), Friederichs (Frankfurt am Main), Gläser (Dresden), Kathe & Sohn (Halle an der Saale), Kellner (Berlin), Königstadt (Berlin), Kruck (Frankfurt am Main / Wiesbaden), Luftschiffbau Zeppelin GmbH (Friedrichshafen), Neuss (Berlin-Halensee), Papler (Köln), Reutter (Stuttgart), Rometsch (Berlin-Halensee), Schebera (Berlin-Tempelhof), Spohn (Ravensburg), Wendler (Reutlingen).

Fotodokumentation des Wagens …

... durch Mercedes-Benz Classic.

Die Daimler-Motoren-Gesellschaft war schon früh einen eigenständigen Weg gegangen mit dem als Karosseriewerk geplanten Werksneubau in Sindelfingen, der in den Jahren 1915 bis 1919 entstand. Ursprünglich als Flugzeugwerk geplant, wurde die Karosseriefertigung, die es auch im Werk Untertürkheim seit 1906 gab, angegliedert.

An der Entwicklung des Karosseriebaus in Sindelfingen lässt sich gut der allgemeine Stand darstellen. Es gab eine Wagen- und Kastenschreinerei, eine Beschlägeschmiede, eine Wagenklempnerei und die Lackiererei. Eine der ersten in Sindelfingen gebauten Karosserien wurde für einen 16/45 Mercedes Knight gebaut. Es war ein offener Tourenwagen mit Verdeck, der seine Außenhaut aus Blech in der in Bau 6 befindlichen Flaschnerei erhielt. Vorerst waren es reine Holzkarossen, die in Handarbeit gefertigt wurden. Der erste Schritt war die Beplankung mit Metall und der Wechsel von Öl- auf Nitrolacke, wodurch die Lackierungszeit von drei Wochen auf zwei Tage reduziert werden konnte. Ab 1927 gab es Fließbänder, sodass 1928 von Einzelbauweise auf Serienproduktion umgestellt werden konnte.

Daneben gab es weiterhin den Sonderwagenbau, bei dem nach Kundenvorgaben Karosserien hergestellt wurden. Es waren etwa

Innen und Außenansicht eines zweitürigen Innenlenkers und ..

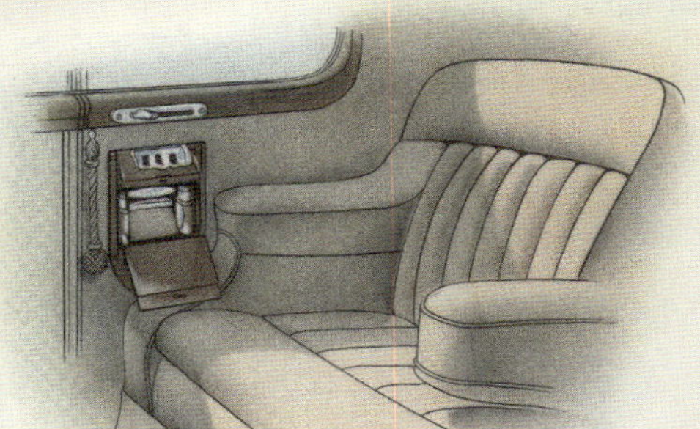

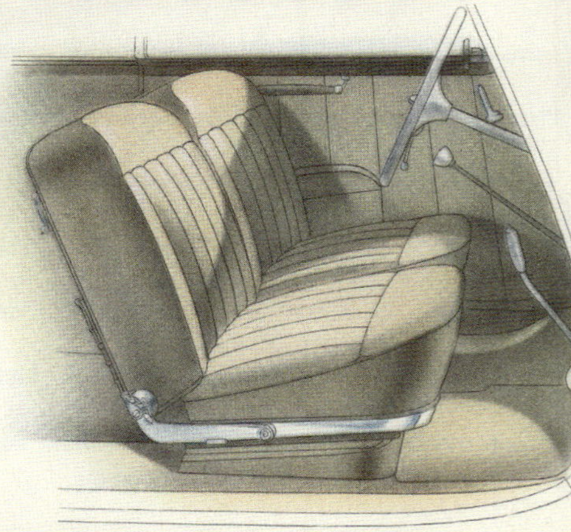

vier bis sechs pro Monat. 1928 wurde mit der Einrichtung eines Presswerks begonnen und die erste von Weingarten gelieferte Presse zur rationellen Fertigung von Karosserieblechen aufgestellt. Der erste Wagen, der bei Daimler-Benz in Sindelfingen in Ganzstahlbauweise gebaut wurde, war ein Mercedes-Benz Typ 230 (W 153), allerdings handelte es sich auch bei diesem Typ noch um ein Rahmenfahrzeug.

Sindelfinger Karosserien waren in kurzer Zeit zu einem Qualitätsstandard im Karosseriebau geworden. So bemerkt denn auch der Katalogtext selbstbewusst:

»Die Karosserien des Kompressor-›Typ 500‹ stellen Meisterleistungen deutscher Karosseriearbeit dar. Sie werden im Werk Sindelfingen der Daimler-Benz AG nach modernen Richtlinien entworfen und gebaut. Ihr besonderer Vorzug, die große Haltbarkeit, ist auf die sogenannte gemischte Bauweise zurückzuführen: die Mercedes-Benz-Karosserien bestehen in ihrem Grundaufbau aus Hartholz und Stahl. Dank dieser Bauweise wird dem Sicherheitsfaktor besondere Rechnung getragen und jegliche Geräuschbildung, insbesondere das sogenannte Dröhnen, wie es bei Ganzstahl-Karosserien häufig auftritt, von vornherein vermieden.«

... des Cabrioletts B 540 K (W 29).

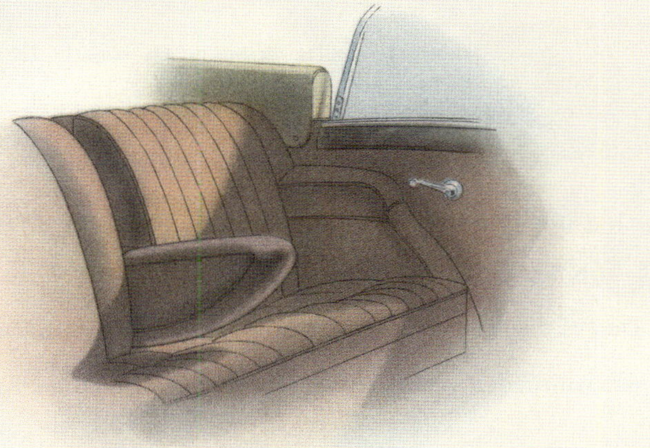

Restaurierung und Rekonstruktion

Da von dem Wagen im Mercedes-Benz-Archiv kaum Unterlagen bezüglich der ursprünglichen Stromlinienkarosserie vorhanden sind, mussten sich die Akteure bei der Rekonstruktion mit Betriebsanleitungen und Fotos begnügen. Die benötigten Konstruktionsdaten wurden anhand von Fotografien und Zeichnungen in einem 3D-Datenmodell mittels eines »Reverse Engenieering-Process« erarbeitet, bei dem der Entwicklungsprozess von der Konstruktionsvorlage zum Konstruktionsdatensatz in umgekehrter Reihenfolge durchlaufen wird. Am Ende steht dann ein präzises CAD-Datenmodell, anhand dessen die praktische Fertigung der einzelnen Bauteile erfolgt.

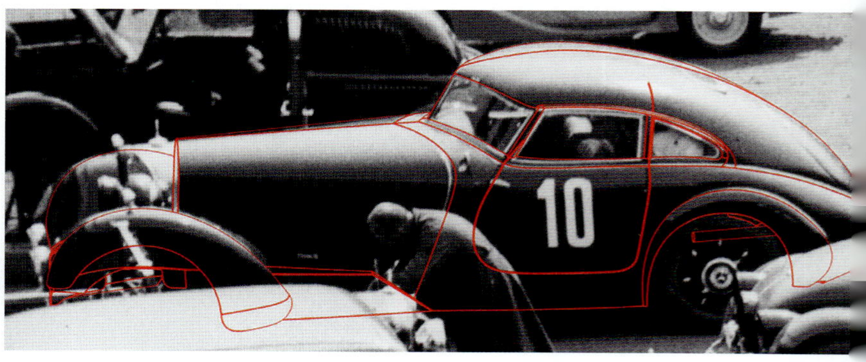

Nutzung von Fotografien zur Datenerstellung.

Einhergehend mit der Rekonstruktion der Karosserie wurde der komplette Wagen zerlegt. Motor, Antriebsstrang, Vorderachse, Hinterachse, Getriebe und Lenkgetriebe wurden einer gründlichen Restaurierung unterzogen. Dabei wurde bei allen Details Wert gelegt auf höchste Präzision bei Vorbereitung und Durchführung der Arbeitsschritte. Dazu gehörte auch die komplette Demontage des Motors. In einem ersten Schritt wurden der Zylinderkopf entfernt und die Nockenwelle plus der Kipphebel ausgebaut und zerlegt.

Der Motor bei der Anlieferung ...

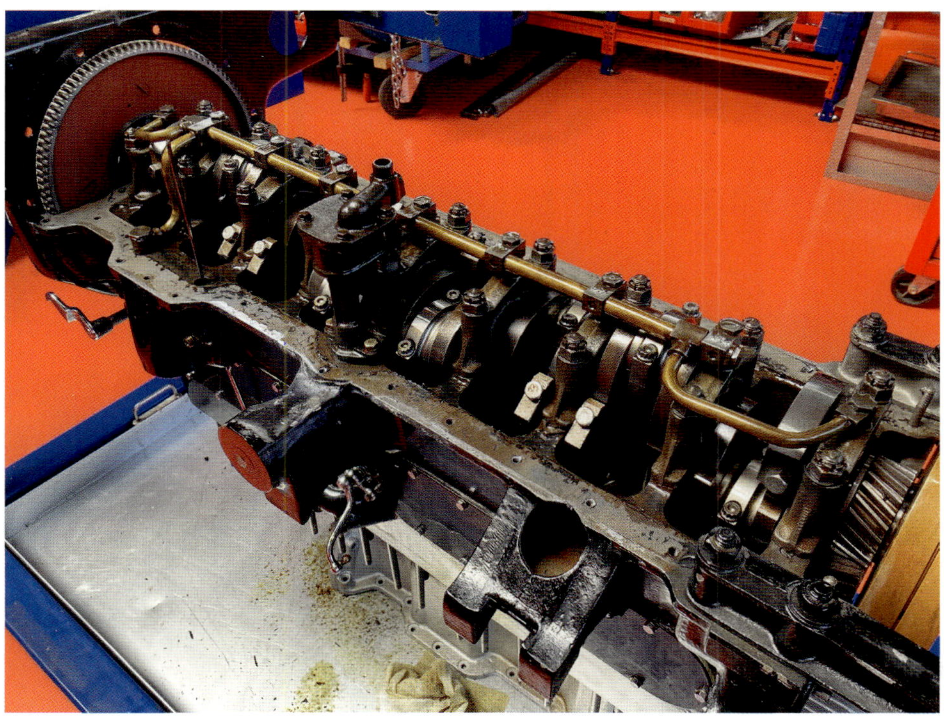

... und mit demontiertem Zylinderkopf.

Die ausgebauten Kolben, ...

Ebenfalls abgebaut wurden Anbauteile wie Wasserpumpe, Lichtmaschine, Verteiler, Kupplung mit Schwungrad, Saugrohr, Abgaskrümmer, Vergaser und Kompressor. Im nächsten Schritt wurden die Ölwanne entfernt und die Kolben mit den Pleueln ausgebaut und zerlegt. Auch die Kurbelwelle wurde komplett zerlegt und die Steuerräder abmontiert.

Alle Teile wurden gereinigt und vermessen sowie auf Schäden und Originalität überprüft. Nach dem Entlacken von Motorblock und Zylinderkopf stellte sich bei ersterem heraus, dass Gussschäden vorhanden waren, sodass eine sachgemäße Instandsetzung bei einer Spezialfirma notwendig wurde. Danach wurden der Motorblock und der Zylinderkopf wieder nach Originalspezifikation lackiert.

... die Kurbelwelle ...

... und die Kipphebel.

Kurbelwelle und Nockenwelle wurden überarbeitet und mit den ursprünglich verwendeten Weißmetall- bzw. Bronzelagern versehen. Auspuff- und Ansaugkrümmer wurden durch Originalteile ersetzt und entsprachen so wieder dem ursprünglichen Zustand. Die Lagergasse der Kurbelwelle wurde vermessen und neu ausgespindelt, die kompletten Lagerungen des Motors wurden auf Maßhaltigkeit überprüft, und bei Abweichungen von den Toleranzen wurden die Lagerungen neu hergestellt.

Nach dem Vermessen der Zylinder am Motorblock wurden diese geschliffen und gehont. Neue Kolben wurden aus Rohlingen auf die entsprechenden Zylindermaße bearbeitet. Der Zylinderkopf wurde plangeschliffen, Ventilsitze bzw. Ventilführungen wurden nachgearbeitet, ebenso wurden die Ventile selbst am Sitz nachgearbeitet. Danach wurden die Ventilfedern vermessen und die Pleuelbüchsen erneuert.

Während beim ursprünglichen Umbau vom 500 K auf 540 K Saugrohr und Kompressor beibehalten worden waren, erfolgte nun die Montage entsprechender Teile des 540 K.

Alter und neuer Kompressor plus Vergaser.

Die Kabriolett-A-Karosserie wurde komplett entfernt und als ein zur Geschichte des Wagens gehörendes Artefakt eingelagert. In der zweiten Phase wurde dann ein Spantenmodell zur Rekonstruktion der Blechteile angefertigt. Diese wurden in traditioneller Arbeitstechnik über dem Spantenmodell von Hand gedengelt. So konnten die Haube, Kotflügel und Innenkotflügel gefertigt werden.

Die separierte Karosserie des Kabriolett A mit der originalen französischen Nummer.

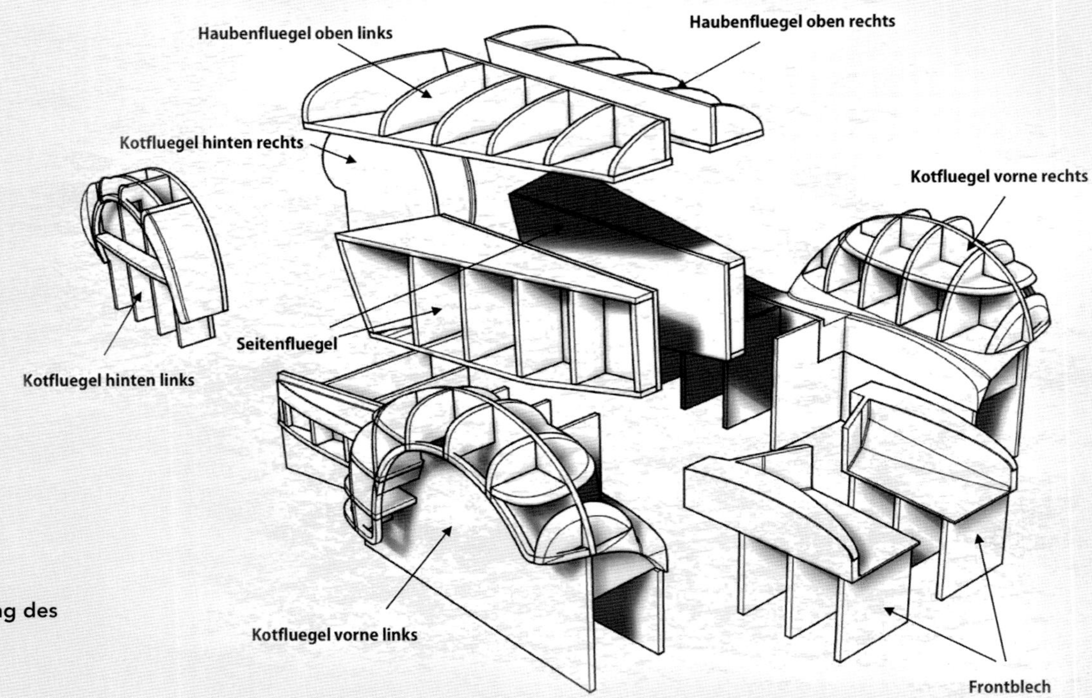

Explosionsdarstellung des Spantenmodells.

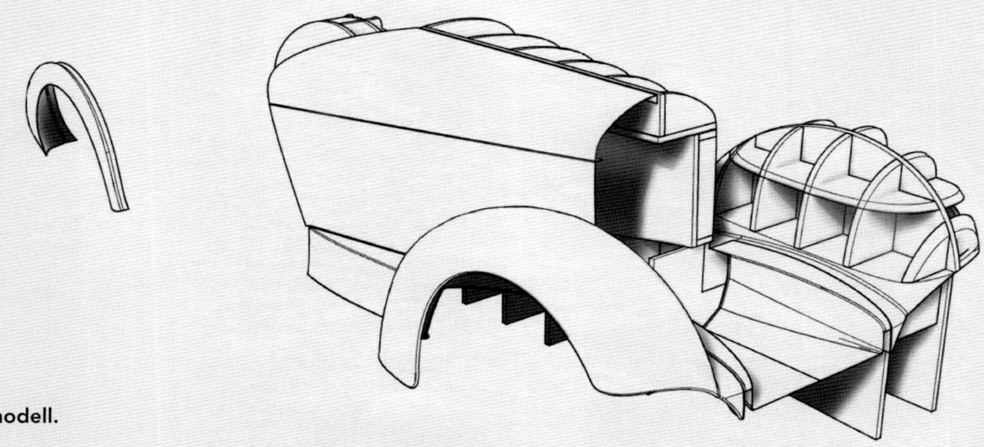

Blechteile auf Spantenmodell.

Die Karosserie selbst entstand in Spantenbauweise aus leichtem Eschenholz. Die Spantenbauweise wurde schon früh im Schiffsbau oder bei Eisenbahnwaggons verwendet. Die Spanten sind Träger der Beplankung und werden in Längs- und Querspanten unterschieden. Erstere lagen parallel zur Fahrzeughauptachse. Die Basis bildete die Konstruktion der Seitenschweller und der Rahmenauflage sowie von Armaturentafel, Fußraum und Stirnwand.

Die eigentliche Karosserieform ergab sich aus der A-Säule und dem Mittelsteg, der hinteren Seitenwand und dem Heck sowie der Dachkonstruktion mit den hinteren Seitenfenstern und der Heckklappe. Zu guter Letzt erfolgte die Konstruktion der Türen und der Innenkotflügel sowie der Kotflügelhalter. Die Orthogonal-Ansichten des Wagens vermittelten schon einen guten Eindruck davon, wie der Wagen einmal aussehen sollte.

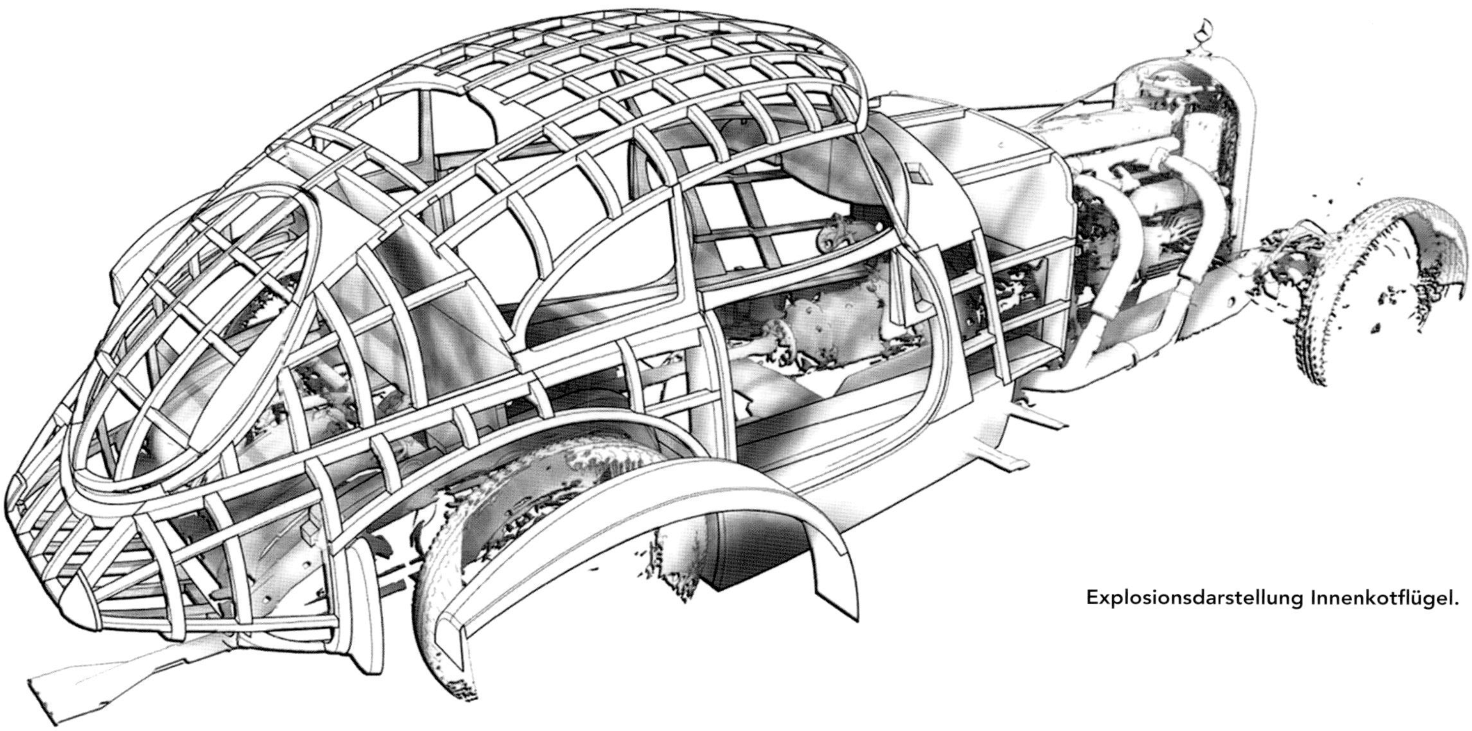

Explosionsdarstellung Innenkotflügel.

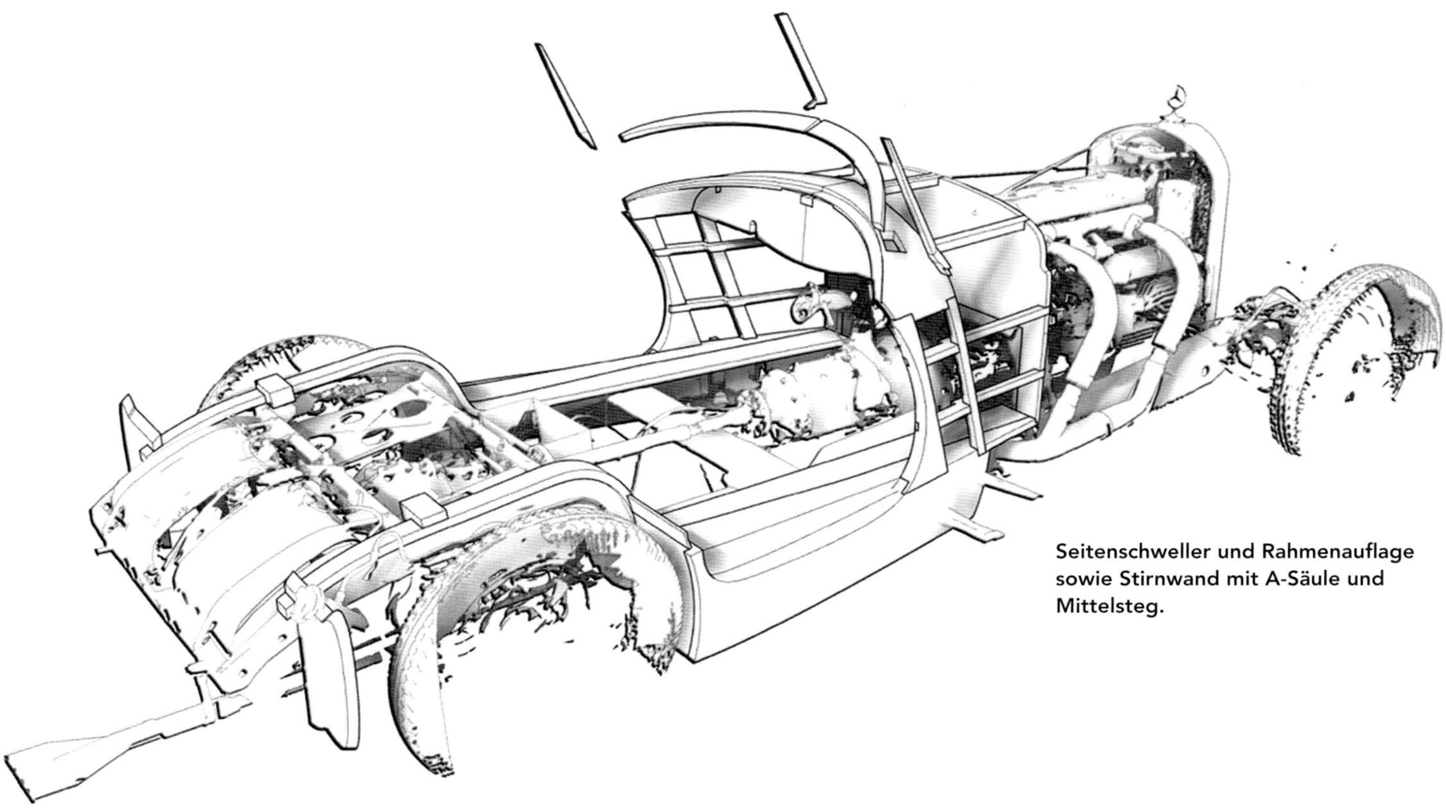

Seitenschweller und Rahmenauflage sowie Stirnwand mit A-Säule und Mittelsteg.

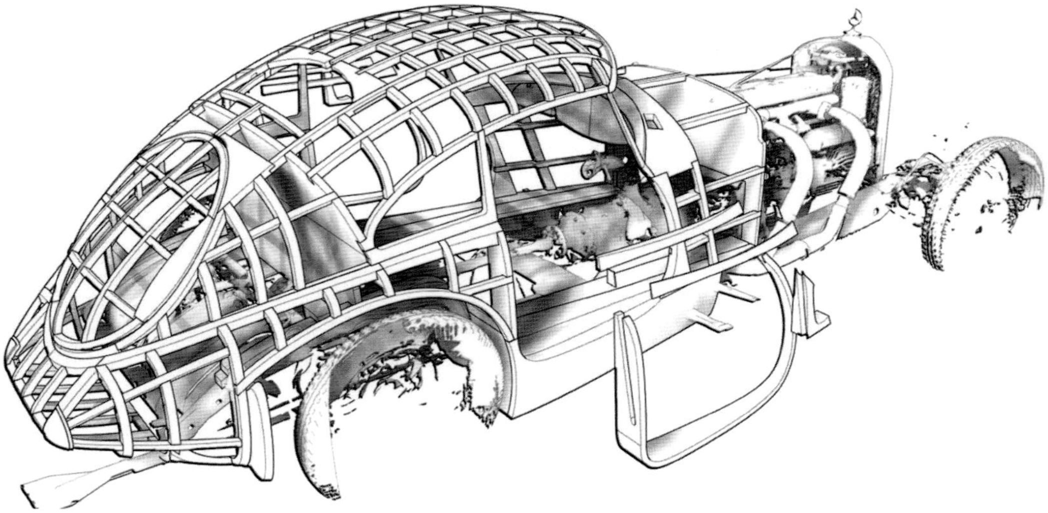

Explosionsdarstellung Türen.

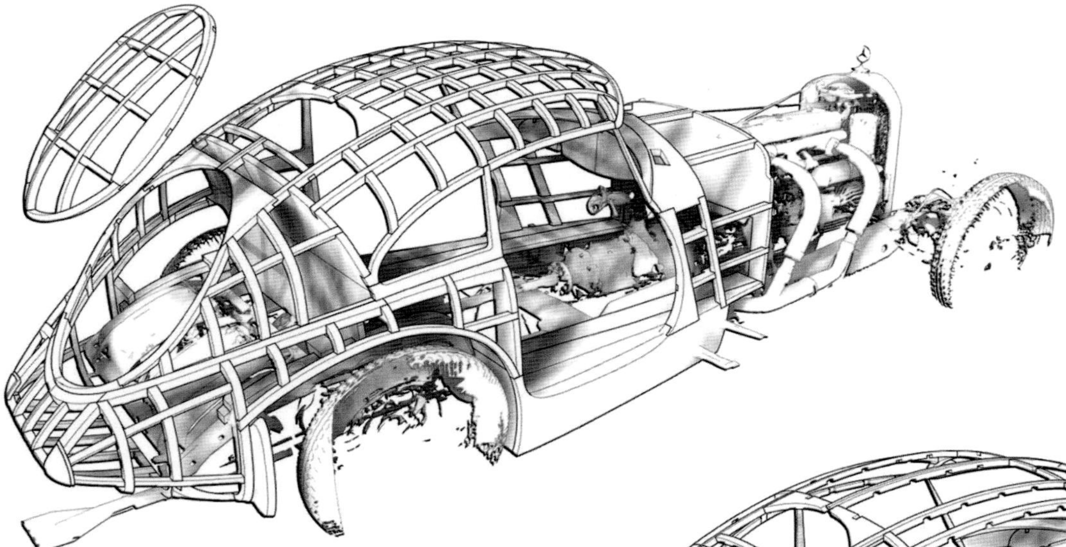

Explosionsdarstellung Heckklappe.

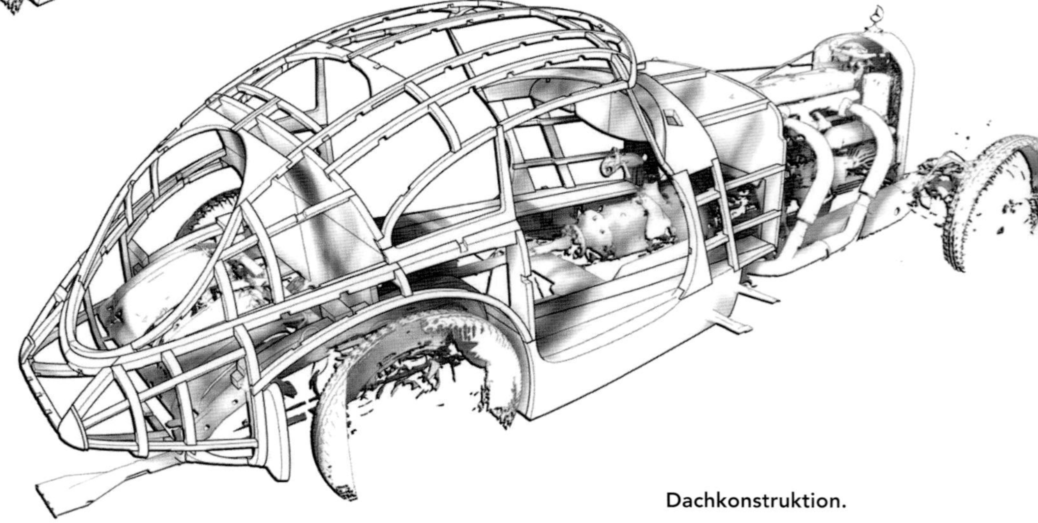

Dachkonstruktion.

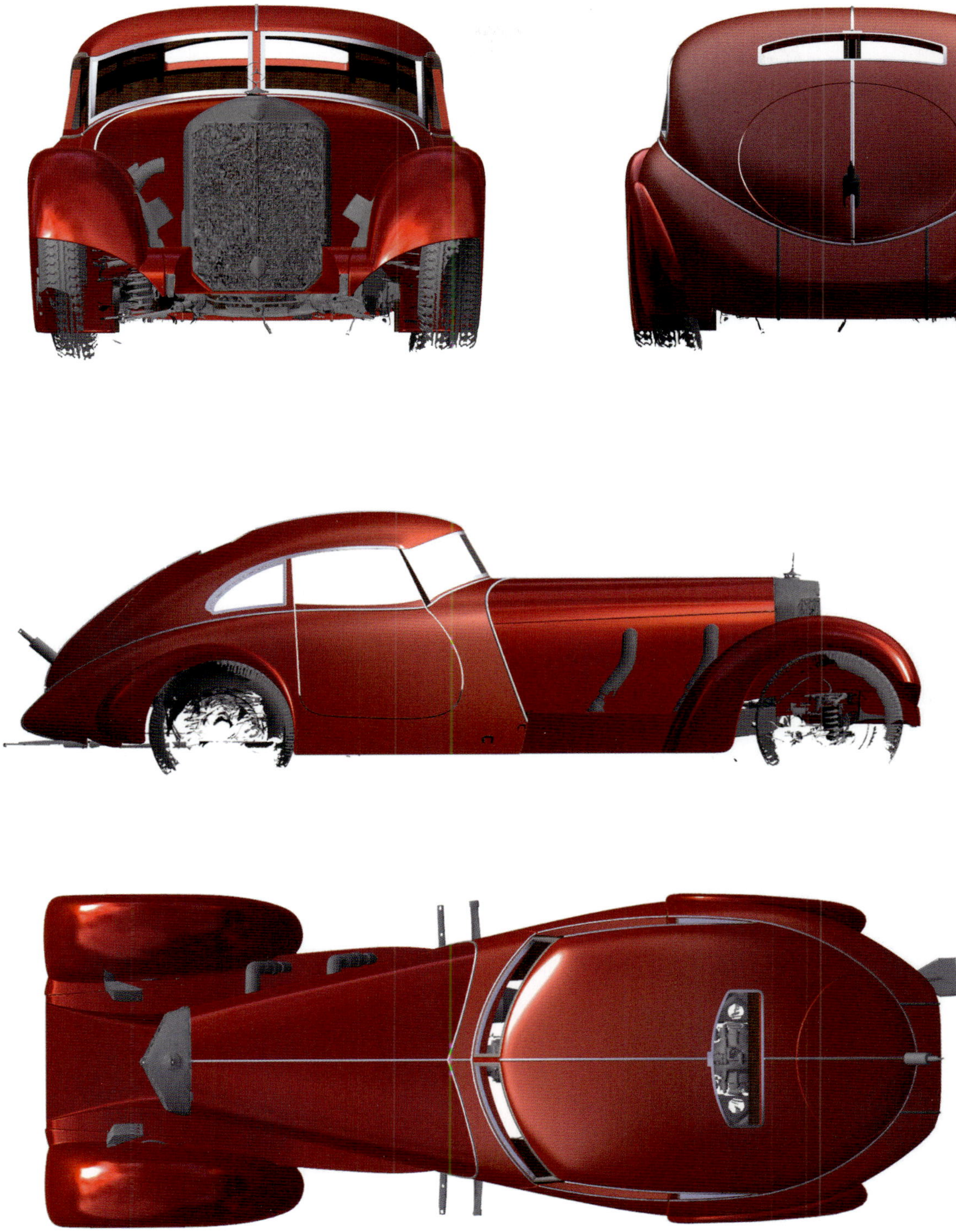

Orthogonal-Ansicht des Wagens von vorn, von hinten, von der rechten Seite und von oben.

Unterzüge mit Vorderwagen, auf der Messmaschine zusammengeleimt.

Mittels der erstellten Datensätze konnten sowohl die Spanten als auch die Karosserieaufbauten auf CNC-Maschinen hergestellt werden. Die Mallspanten für das Dengeln der Blechteile wurden aus MDF (MDF = Mitteldichte Faserplatte) gefertigt und die Karosserieteile aus Eschenholz. An den unterschiedlichen Gewerken wurde parallel gearbeitet. So entstand schon in einer frühen Phase die komplette Spantenkonstruktion für die Holzkarosserie.

Dass damals für den Wagen eine Holzkarosserie gewählt wurde, lag an dem vergleichsweise geringen Gewicht gegenüber Aluminium und Stahl. Wiegt ein Kubikzentimeter Holz etwa 0,5 bis 0,8 Gramm, so sind dies bei Aluminium 2,7 und bei Stahl sogar 8 Gramm, wobei Buchenholz immerhin ein Drittel der Festigkeit von Stahl erreicht.

Bei der im Karosseriebuch erwähnten Zaponkarosserie handelt es sich um eine Holzkonstruktion, lediglich die vor-

Die Holzkarosserie auf dem Fahrgestell, noch ohne Blechteile.

deren/hinteren Kotflügel und die Motorhaube waren in Blech ausgeführt. Dieses Holzgerüst wurde dann mit einem Kunstleder auf Nitrozellulose-Basis bezogen, ähnlich den Weymann-Karosserien. Der amerikanische Flugzeugkonstrukteur Charles Weymann (1889–1976) hatte ein Patent auf eine mit Kunstleder bespannte Holzgerippe-Karosserie, bei der die Innenseite mit Sperrholz beplankt und die Zwischenräume mit Isoliermaterial verfüllt wurden. Der Unterschied zu einer starr mit dem Leiterrahmen verbundenen Karosserie besteht bei dieser Konstruktion darin, dass einzelne Holzteile mit Gummi belegt und mit Metalllaschen fixiert wurden und dort, wo Holz auf Metall auflag, ölabscheidendes Papier zwecks Schalldämpfung dazwischen gelegt wurde. Neben den teilweise günstigeren Produktionskosten waren diese hölzernen Karosserieformen, was für Wettbewerbsfahrzeuge nicht unerheblich ist, leichter als Blechkonstruktionen.

Blechteile der Karosserie.

Zur Lackierung einer solchen Karosserie darf man keineswegs die gewöhnlichen Zelluloseautoemaillen verwenden, vielmehr ist ein Spezial-Zellulose-Lederlack erforderlich. Diese Lederlacke sind viel geschmeidiger als die üblichen Autolacke, die auf Leder bzw. Kunstleder reißen würden.

Das Interieur wurde im Kommissionsbuch wie folgt beschrieben: Sitze aus schwarzem Leder, der Innenraum war mit beigem Tuch (Code 554) bezogen. Das Armaturenbrett entsprach der Serie, lediglich hinter den Sitzen war ein Schrank für die mitgeführten Ersatzteile untergebracht, der neu gefertigt werden musste.

Holzgerippe der Karosserie.

Die integrierte Ersatzteilkiste.

Die Auferstehung

Was im Juni 2021 begonnen hatte, sollte sich bis ins Jahr 2025 hinziehen. Fast 5000 Stunden wurden für die Arbeiten an allen Gewerken gebraucht, ein Aufwand, kaum vergleichbar mit konventionellen Restaurierungen. Am Anfang stand das Zerlegen der Karosserie. Es sollten möglichst viele Teile der alten Karosserie für die Rekonstruktion Verwendung finden. Der Rahmen war zu diesem Zeitpunkt schon von der Firma Fahrzeugtechnik Beck restauriert worden, die nun auch die Restauration von Motor und Getriebe übernahm. Originalteile wurden konserviert und erneut eingesetzt – sie zeigen nach wie vor die Spuren der Zeit.

SILVRETTA CLASSIC
KITZBÜHELER ALPENRALLYE
MEISTERBRIEF

Haube und Kotflügel wurden aus Aluminium gefertigt.

Karosserieseitig war es für die Holzkonstruktion notwendig, auf Hölzer zurückzugreifen, die eine mindestens zehnjährige Lagerung hinter sich hatten. Basis der Aufbauarbeiten bildete das lackierte Fahrgestell mit Stirnwand und Kühler. Nachdem das Karosserieholzgestell erfolgreich auf dem Fahrzeugrahmen montiert war, begann die akribische Arbeit der Feinabstimmung. Dabei wurden zahlreiche Details sorgfältig mit den Archivaufnahmen verglichen und entsprechend angepasst, um höchste Präzision und Authentizität sicherzustellen.

Da die Stromlinienkarosserie schmaler als die des A-Cabriolets war, passten auch die Haubenteile nicht mehr zum Karosserieübergang und mussten, genau wie die Kotflügel, neu gefertigt werden. Dabei steckte der Teufel im Detail. Aufwendig auch die Scheibenkonstruktion. Authentisch kamen gebogene Glasscheiben zur Verwendung, für die eine entsprechende Rahmenform hergestellt wurde. Nach Maßgabe der 3-D-Konstruktion wurden dann in entsprechenden holzverarbeitenden Betrieben aus Eschenholz, entsprechend der Maserung, die einzelnen Karosseriekomponenten gefräst.

Rahmenkonstruktion an der Reserveradmulde.

Karosserie nach dem Verfüllen und dem Glätten.

Die Fensterschlüssel, also die Rahmen, die die nach zeitgenössischem Vorbild gefertigten Glasscheiben aufnehmen, sind ebenso wie die verwendeten Zierteile aus Nussbaum. Dieses Holz wurde nicht ausgesägt, sondern in einer Dampfröhre erhitzt und – bei einer Holzstärke von 10 mm – per Schraubzwinge in einem Modell eingespannt, festgezogen und über mehrere Tage getrocknet. Mit dieser Methode lassen sich sogar sehr enge Radien realisieren. Die nun fertige Holzspantenkarosserie wurde anschließend mit Karosseriekarton beplankt und geglättet. Dabei steckte auch hier der Teufel im Detail. Viele Korrekturen waren karosserieseitig nötig, damit die Übergänge exakt verliefen. Auch die Anbringung der Türfangbänder für die hinten angeschlagenen Türen entwickelte sich zu einer kniffligen Arbeit.

Der mit Karosseriepappe beplankte Holzrahmen wird mit Dämmmaterial und Kunstleder bezogen.

Die ganze Karosserie – mit Ausnahme der Metallteile – wurde dann mit Kunstleder bespannt und anschließend lackiert. Zum Finden der richtigen Lacke kooperierte man eng mit BASF-Glasurit in Münster. Dort wurde im Labor geprüft und auf die dort vorhandene historische Expertise zurückgegriffen, um eine Farbmischung zusammenzustellen, die den gewünschten Farbton hatte und auch UV-beständig war. Diese Farbmischung fand dann sowohl bei den mit Kunstleder bespannten als auch bei den Aluminiumteilen Verwendung, lediglich die Grundierung variierte.

Bedingt durch die Knickscheibe, benötigte der Wagen – im Gegensatz zum A-Cabriolet, das ein Verbindungsgestänge hatte – zwei Scheibenwischermotoren, die separat geschaltet werden können. Beim Armaturenbrett fanden die Originalinstrumente mit dem Perlmutthintergrund Verwendung. Lediglich die Handschuhfächer mit dem rechtsseitig integrierten Kartentisch wurden neu angefertigt. Anschließend wurden diese Holzteile geschliffen und lackiert und im Farbton den Scheibenrahmen angepasst. Die Sitze wurden gemäß den Kommissionsbuchangaben mit schwarzem Leder neu aufgepolstert. Das gleiche galt für die Innenraumverkleidung und den Himmel.

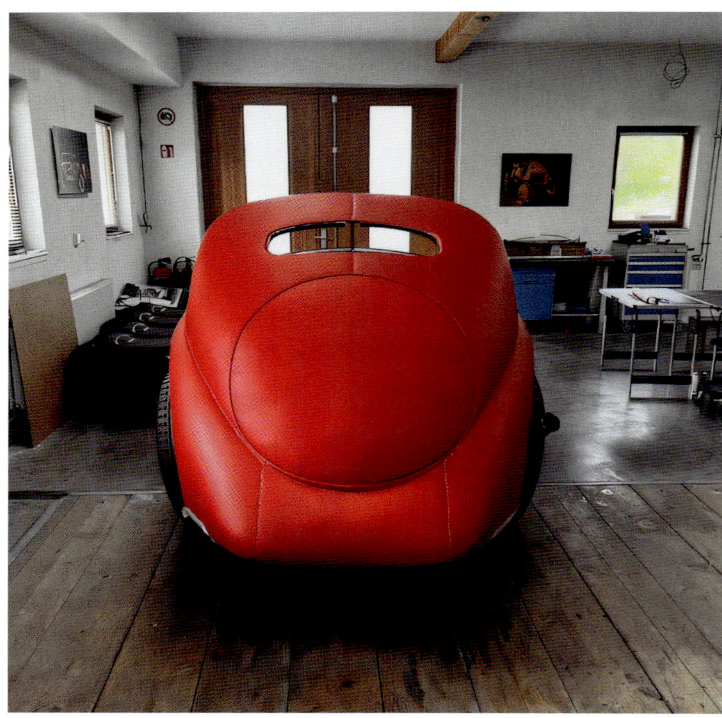

Das vollständig mit Kunstleder bespannte Heck.

Armaturenbrett mit Kartentisch.

Der restaurierte Motor …

… mit dem ebenfalls restaurierten Kompressor.

Um die Bordelektrik zu installieren, wurde ein Schnurgerüst gemacht, das von jedem Verbraucher zu den Schaltern beziehungsweise zum Sicherungskasten geht. Nach der Vorlage dieses zur Positionierung dienenden Schnurgerüsts flocht der Elektriker dann den Kabelbaum mit den damals authentischen Farben und der zu dieser Zeit üblichen Stoffummantelung. Im Vergleich zu heutigen Fahrzeugen ist die Elektrik noch bescheiden: Lampen, Bremslicht, Blinker und die Hupe, mehr gab es noch nicht. Allerdings verfügt der Wagen über fünf Scheinwerfer, die tagsüber von Schutzhauben verhüllt waren.

Schon im Herbst 2023 waren der restaurierte Motor und das ebenfalls erneuerte Getriebe wieder eingebaut worden. Das war auch deshalb notwendig gewesen, damit die Motorhaube genau angepasst werden konnte, da ja die Auspuffrohre seitlich durch dieselbe herausragen. Zuvor hatte man den Motor auf dem Prüfstand erprobt und auf seine Funktionalität durchgecheckt. Dabei wurde auf höchste Präzision in Vorbereitung und Durchführung in allen Details und Arbeitsschritten geachtet.

Nach gut 90 Jahren erwachte dann der Mercedes-Benz-Stromlinien-Werkswagen 2025 zu neuem Leben. Die Nr. 10 der großen Fahrt durch Deutschland 1934 ist wiederhergestellt und vermittelt dem Betrachter einen faszinierenden Eindruck von diesem epochalen Fahrzeug. Damit ist ein ikonisches Stück der so ereignisreichen Mercedes-Benz-Motorsportgeschichte für die Betrachter wieder präsent.

Detektivarbeit und Handwerkskunst

Besonderheiten und Spezialprobleme bei der Restaurierung des Stromlinienwagens

Gut zu erkennen ist hier das Holzgestell der Karosserie, an dem bereits Teilbereiche mit Karosseriepappe verkleidet sind. Die Karosseriepappe hat eine Stärke von drei Millimetern und ist in die Fälze des Holzgestells eingelassen. Bei der Pappe handelt es sich um eine Bramante Karosseriepappe (Sattlerpappe & Polsterpappe), das ist eine sehr harte, feste Wickelpappe mit hoher Biegefestigkeit. Sie kann als Autopappe für Seitenverkleidungen, Dachverkleidungen und Türverkleidungen in der Restaurierung von historischen Fahrzeugen eingesetzt werden.

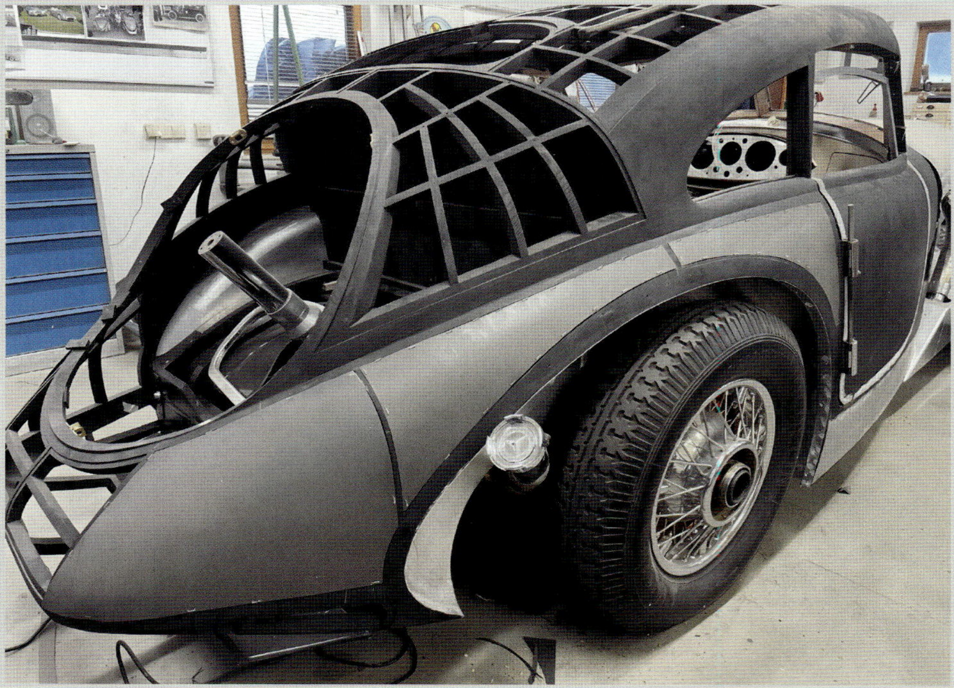

Verschiedene Archivaufnahmen zeigen deutlich, dass der Verlauf der Karosserieteile nicht krümmungsstetig ist, insbesondere in Bezug auf die Spaltverläufe. Dies deutet darauf hin, dass zwischen der Karosseriepappe und dem Außenüberzug ein Füllstoff aufgebracht wurde.

→ Keine krümmungsstetigen Übergänge der Karosserieteile

Der gesamte Karosseriekörper ist jetzt mit Karosseriepappe verkleidet. Alle Übergänge der einzelnen Teilbereiche wurden geglättet, und der Verlauf der halbrunden Zierleisten ist bereits angezeichnet. Diese Zierleisten werden später die Heftklammern verdecken. Der rechte Teilbereich der Karosserie ist zusätzlich mit Polsterwatte bezogen.

Die bereits erwähnte nicht krümmungsstetige Formgebung lässt sich hier gut nachvollziehen.

Der Karosseriekörper ist jetzt vollständig mit Kunstleder bezogen. Einige Karosserieteile, wie der Vorderwagen und die Radhäuser, sind in Aluminium ausgeführt und lackiert

Eine besondere Herausforderung stellte die Lackierung der Karosserie dar. Zunächst war eine Ganzlackierung der Karosserie vorgesehen. Die angrenzenden lackierten Teile mussten farblich so genau wie möglich mit dem Karosserieüberzug harmonieren. Dabei war nicht nur der Farbton entscheidend, sondern auch die Haftung auf dem Überzug und die UV-Beständigkeit mussten gewährleistet sein. Zahlreiche Tests und Materialprüfungen in den Farblaboren führender Lackhersteller führten jedoch zu keinem belastbaren Ergebnis. Die Lackmuster, die zusätzlich sieben Tage gealtert und geprüft wurden, wichen erheblich von den technischen Produktinformationen ab, sodass die Tests als unverbindlich eingestuft wurden. In Abstimmung mit dem Kunden wurde daher auf eine Ganzlackierung verzichtet.

Nach der Trocknung des Karosseriekörpers in der Kammer gab es eine große Enttäuschung: Die Oberfläche der Karosserie ähnelte eher der eines Golfballs als der einer glatt gepolsterten Luxuskarosserie. Laut dem Lackierer war der Karosseriekörper dreimal bei einer Objekttemperatur von 60 Grad in der Trockenkammer. Obwohl im Dachbereich die Abstände der Karosseriebalken weniger als 200 x 170 mm betrugen, wölbte sich die Karosseriepappe innerhalb dieser Rechtecke stark auf. Die entstandenen Spannungen waren unerklärlich und ließen sich auch mit verschiedenen Methoden nicht zurückformen. Da die Fahrer- und Beifahrertüren nicht in der Trockenkammer waren, konnten dieser Trocknungsprozess versuchsweise an den Türen wiederholt werden, um den Fehler zu analysieren. Das Ergebnis: Unverständlich, keine Verformung an den Außenflächen der Türen. Diese Unstimmigkeit führte dazu, dass in Absprache mit dem Kunden der Überzug der Karosserie mit Polsterung und Karosseriepappe demontiert wurde. Es musste sichergestellt sein, dass die Oberfläche auch bei hohen Sommertemperaturen stabil bleibt.

Alle zuvor gefertigten Teilstücke der Karosserie wurden in Aluminium geformt und auf den Karosseriekörper montiert.

Jetzt befand sich der Wagen in der Endmontage.

Die Polsterung und der Überzug entsprachen der vorherigen Verkleidung.

Der Zusammenbau gestaltete sich umfangreicher und komplexer als zunächst erwartet. Alle Anbauteile des Vorderwagens wurden an den Kühler der bestehenden Karosserie angepasst und gefertigt. Der nachträglich angefertigte Kühler wurde gemäß Zeichnung gefertigt, was jedoch nachträgliche Anpassungen an den bereits lackierten Anbauteilen erforderlich machte. Diverse Anbauten am Rahmen waren bei der Erstfertigung der Karosserie nicht vorhanden. Dieser Umstand führte dazu, dass bei der Endmontage zusätzliche Änderungen unumgänglich wurden.

Sternstunde – die Vollendung

Ein Glanzstück der Ingenieurskunst feiert seine Restaurierung und Rekonstruktion

Der schnellste Wagen bei der Deutschlandfahrt 1934,
jetzt wieder in perfektem Zustand.

10

Front- ...

... und Heckansicht des Boliden.

10

10

Umdr.x100
VEIGEL
°Cels.
Gas
LEER

Das Armaturenbrett mit seinen fünf Rundinstrumenten: Wassertemperatur, Drehzahlmesser, Benzin-Anzeige, Tachometer und Zeituhr.

Oben und rechts: **Ersatzteilkiste und Ausstellfenster.**

Links: **Bedingt durch die Knickscheibe bedurfte es zweier separater Scheibenwischermotoren.**

Im Innern des Stromlinienwagens arbeitet ein Achtzylinder-Kompressormotor.

10

Aerodynamische Trinität

Nachbau des SSKL-Stromlinienrennwagens von 1932.

Mit der Rekonstruktion des 500-Kompressor-Stromlinienwagens »2000 km durch Deutschland« auf Basis der originalen Rahmen- und Motordaten ist ein wesentliches Artefakt aus der ereignisreichen Motorsportgeschichte von Mercedes-Benz wieder zum Leben erweckt worden. Neben dem ebenfalls rekonstruierten SSKL mit der von Koenig-Fachsenfeld konzipierten Stromlinienkarosserie von 1932 und dem 1938 ursprünglich für die Fahrt Berlin–Rom gebauten 540-K-Stromlinienwagen dokumentieren diese drei Kompressor Fahrzeuge das Ringen bei Mercedes-Benz um aerodynamische Effektivität, erst im Renn- und dann auch im Serienwagenbau. Der Sprung der aerodynamischen Gestaltung vom Rennwagen zum Serienautomobil wurde hierbei vollzogen. Waren die S-Modelle noch ein Zwitter zwischen Renn- und Tourenwagen, so war der 500/540 K ein reiner Tourensportwagen.

Kieselbach bemerkt hierzu: *»Rennwagenkonstrukteure ahnten damals bereits etwas von der energieverzehrenden Kraft der Luftwirbel, wie man am berühmten ›Blitzen-Benz‹ (1911) sehen kann. Dieser zum Rekordbrechen gebaute Wagen wies die in jener Zeit bekannten Standard-Verbesserungen aller Rennwagenbauer auf, als da waren: Günstigere Kühlerform (in diesem Fall eine gerundete Überdachung), mit den Rahmenträgern bündig laufende, durch keine Kante unterbrochene Seitenwände und eine weitgehende*

Der 540 K von 1938 für die Fahrt Berlin–Rom.

Verkleidung des Unterbodens. Besonders avantgardistische Karosseriebauer wie Oskar Bergmann nahmen die Zeppelin-Begeisterung der Deutschen zum Anlass, eine ebenso geformte Karosserie auf dem Papier zu entwickeln. Im Gegensatz zum ähnlich geformten (und gebauten) Castagna-Alfa-Romeo (1913) bezog Bergmann sogar die Räder und das Chassis komplett in seine Karosserie mit ein, eine echte Pionierleistung! Der nächste Schritt kam, wie in anderen Ländern, aus den Reihen der Flugzeughersteller. Edmund Rumpler hatte schon anno 1915 ein kaum beachtetes Patent über aerodynamische Hilfsmittel an Fahrzeugen angemeldet. Fünf Jahre später, nachdem der Erste Weltkrieg von Deutschland verloren worden war, finden wir ihn, ebenso wie den Luftschiffkonstrukteur Paul Jaray, mit dem Gedanken beschäftigt, statt Flugzeuge nunmehr Personenwagen in entsprechender Form zu bauen.«

Die Stromlinienwagen Typ 500/540 K waren bei Mercedes-Benz – neben vielen Versuchen im unteren Segment – ein erster Schritt hin zu aerodynamisch gestalteten Achtzylinder-Kompressorwagen, die auf den neuen Autobahnen hohe Reisedurchschnitte ermöglichen sollten. Dass dies nicht nur auf Autobahnen gelang, bewies erstmalig der 500 Kompressor Stromlinie bei der »2000 km durch Deutschland«-Fahrt.

Das Triumvirat der beteiligten Firmen

Roaring Historie

Der Diplomingenieur (TH) Alfred Kist, langjähriger Entwicklungsingenieur bei Mercedes-Benz, hat 2017 in Eberdingen mit der Firma ORCA Restoration GmbH ein Unternehmen ins Leben gerufen, das sich gezielt mit Fahrzeugen aus dem historischen Motorsport befasst. Sein Leistungsspektrum umfasst dabei neben Restaurierung und Wartung der Pretiosen auch die Neuanfertigung von Teilen, die unter Berücksichtigung der Originalwerkstoffe präzise nachgebaut werden. Von Kleinteilen wie Kerzensteckern bis hin zum Nachbau von Felgen, Radaufhängungsteilen und Motor- und Getriebeteilen oder ganzen Karosserien kann alles im Betrieb realisiert und umgesetzt werden.

Wie bei vielen solcher Unternehmen ist auch hier die gekonnte Verknüpfung von traditioneller Handwerkskunst und moderner Technologie ausschlaggebend. Von unschätzbarem Wert ist dabei ein umfangreiches Archiv, in dem sich Unterlagen zu historischen Renn- und Sportwagen befinden. Zur Neuanfertigung von alten oder defekten Teilen setzen Kist und sein Team einen Atos 3-D-Scanner der Firma GOM GmbH ein, um anhand der Daten via 3-D-Druck oder 5-Achs-CNC-Maschinen exakte Kopien zu erstellen.

Seine Expertise belegen zahlreiche Restaurationen von Porsche-Rennfahrzeugen, vom 550 von 1954 über 904, 906, 910 Coupés und den 910 Bergspider, 908er, einen der raren 911 R von 1967 bis hin zu mittlerweile fünf Exemplaren des 917, darunter der 917 Spyder des Finnen Leo Kinnunen, mit dem dieser in der Interserie 1971 Champion wurde. Schwerpunkt der Restaurationen ist die maximale Erhaltung der Originalität und die Wiederherstellung des Originalzustandes. So war Alfred Kist geradezu prädestiniert, die Recherchearbeit, die CAD-Konstruktionsarbeit und die Projektleitung des ehrgeizigen Unterfangens der Wiederauferstehung der 500-K-Stromlinie zu übernehmen.

Die Oldtimermanufaktur im Black Forest

Weltweit gibt es nur wenige Firmen, die in der Lage sind, authentische Rekonstruktionen historischer Fahrzeuge zu realisieren. Dazu ist es erforderlich, vergangene Produktions- und Herstellungstechniken zu durchdringen und gegebenenfalls deckungsgleich zu reproduzieren. Dabei sind moderne Materialforschung und aktuelle Konstruktionslösungen durchaus hilfreich. So lassen sich verloren gegangene Schätze anhand technischer Zeichnungen oder alter Muster rekonstruieren. Zur Datenerzeugung dienen grundsätzlich alle Arten verfügbarer Informationen wie etwa Punktewolken aus der 3D-Digitalisierung von Urmodellen oder Prototypen, Punkte von Koordinatenmessmaschinen, Zeichnungen und handgefertigte Skizzen, in vielen Fällen aber auch Fotos.

Die Drescher Karosseriebau GmbH & Co. KG, malerisch im tiefsten Schwarzwald gelegen, ist ein solches Unternehmen, das über die ganze Palette der gekonnten Fahrzeugrekonstruktion verfügt. Seit 1984 arbeitet der Karosseriebauermeister Hubert Drescher mit seinem Team an außergewöhnlichen Projekten wie der Wiederauferstehung des von Ferdinand Porsche konstruierten Lohner Semper Vivus von 1902, des elektrischen Siemens-Stadtwagens Typ B Victoria von 1905, des Porsche Typ 64, der 1938 für die Fahrt Berlin–Rom konzipiert wurde, und des SSKL mit der von Reinhard Freiherr von Koenig-Fachsenfeld gestalteten Stromlinienkarosserie von 1932.

Eine besondere Eigenkonstruktion von Hubert Drescher ist der »Turbillon«, ein zweisitziger Sportwagen, der im Zeitraum von 2021–2022 entstand und von Drescher designt, konstruiert und gebaut worden ist.

So war denn dieses Unternehmen erste Wahl bei der Rekonstruktion des legendären Mercedes-Benz 500 K Stromlinienwagens, der 1934 für die »2000 km durch Deutschland« gebaut worden war und die Veranstaltung siegreich absolvierte.

Rekonstruktion eines frühen Kässbohrer-Busses durch die Firma Drescher Karosseriebau.

Der SSKL mit der von Reinhard Freiherr von Koenig-Fachsenfeld gestalteten Stromlinienkarosserie.

Der Tourbillon, ein zweisitziger Sportwagen, konstruiert und gebaut von Hubert Drescher.

HFB

Die Restaurierung eines Mercedes-Benz-Roadsters 630 K, Baujahr 1928, war der Ausgangspunkt für den gelernten Graveurmeister und schwäbischen Tüftler Rolf Beck, sich intensiver mit dem Thema Oldtimer zu befassen. Dabei war es von Vorteil, dass seine international agierende Firma *Kocher+Beck GmbH + Co. Rotationsstanztechnik KG* einen geeigneten technischen und wirtschaftlichen Hintergrund bildete für die im Jahr 2001 erfolgte Gründung der *Historischen Fahrzeugtechnik Beck, der HFB*. Standort beider Familienunternehmen ist Pliezhausen. Als Weltmarktführer der Rotationsstanztechnik war die Firma mit der Fertigung von hochpräzisen Einzelstücken bestens vertraut. Heute bietet *HFB* alles an, was zu einer gelungenen Restauration eines Oldtimers gehört, ob es sich dabei um selektive Arbeiten an der Technik handelt, um die Aufarbeitung von Lack, Chrom, Holz und der Lederausstattung oder um die Vollrestauration eines kompletten Fahrzeugs. Für die Überarbeitung von Motor, Antriebsstrang, Vorderachse, Hinterachse, Getriebe und Lenkgetriebe des 500-K-Stromlinienwagens war *HFB* deshalb erste Wahl.

Epilog: Originalität

Bei der Rekonstruktion bzw. Restauration technisch relevanter Artefakte ist es notwendig, wie in der experimentellen Archäologie vorzugehen. Dabei gilt es, Konstruktions- und Verfahrenstechniken retrospektiv neu zu entwickeln und umzusetzen. Die so gewonnenen Erkenntnisse werden analysiert und akribisch dokumentiert. Dabei ist es wichtig, sich der zeitgenössischen Materialien und Arbeitsgeräte zu bedienen. Ziel dabei ist es, Kenntnisse über die technischen Prozesse zu erhalten und ein hohes Maß an Originalität zu erzielen. Dazu bedarf es eines objektiven Bewertungsmaßstabs, wie er im Fall eines Automobils in der weltweit anerkannten Typen- und Gruppen-Klassifikation der FIVA im Ansatz definiert ist. Dadurch können die meisten Fahrzeuge transparent klassifiziert werden. Beim Thema Originalität kann zwischen drei Typklassen von Fahrzeugen unterschieden werden. Es sind dies:

- Serienfahrzeuge (Typ A)
- Einzelstücke (Typ B)
- Umbauten (Typ C)

Die Typklassen wiederum lassen sich bezüglich ihres Zustandes in fünf Gruppen unterteilen:

- Marktauthentisch (Gruppe 1)
- Original (Gruppe 2)
- Restauriert (Gruppe 3)
- Wiederaufgebaut (Gruppe 4)
- Nachbau (Gruppe 5)

Je nach Kombination beider Kriterien lässt sich damit ein qualitatives Ranking vornehmen. So ist beispielsweise ein marktauthentisches Serienfahrzeug oder Einzelstück aus konservatorischer Sicht um ein Vielfaches wertiger als ein aus unterschiedlichen Teilen wiederaufgebautes Fahrzeug.
Die Erhaltungsklassen 1 und 2 sind eher selten. Hinsichtlich der Wertigkeit stellen diese aber die höchsten Stufen dar. Eine Restauration ist jederzeit wiederholbar, den unrestaurierten Originalzustand gibt es nur einmal. Voraussetzung ist immer der lückenlose Nachweis der Fahrzeug-Historie. Die Laufleistung muss ungewöhnlich gering sein, der Erhaltungszustand ungewöhnlich gut. Der normale Oldtimer ist eher ein Fahrzeug der Klasse A 3, also ein restauriertes Standardfahrzeug.

Der Begriff »Matching numbers« steht für eine Übereinstimmung der Nummernkreise bei den Fahrzeugen. Für Vorkriegsfahrzeuge bedeutet das: Nummern- und Teilekreise (RB-Nummern), Wagen-, Rahmen- und Motornummer entsprechen den archivierten Daten. (Fahrzeuguntersuchung durch Röntgen und Materialproben.)
Bei Nachkriegsfahrzeugen müssen Fahrgestell-, Aufbau-, Getriebe- und Motornummer mit den archivierten Daten übereinstimmen, um von »Matching numbers« sprechen zu können.

Typ A: Serienfahrzeuge
Serienfahrzeuge sind Personenwagen oder Lkw, die von dem jeweiligen Hersteller oder einer Vorgängerfirma in Serie hergestellt wurden und sich heute in dem Zustand präsentieren, in dem sie vom Werk ausgeliefert wurden. Der Auslieferungszustand sollte sich, soweit vorhanden, anhand der Kommissions- und Wagenbücher bzw. Fahrzeug-Datenkarten oder sonstiger Herstellerunterlagen dokumentieren lassen. Typ A Serienfahrzeug ist ein gebrauchtes historisches Fahrzeug, niemals restauriert, mit fortlaufendem Besitz und Nutzungsnachweis, in einem dem Auslieferungszustand entsprechenden Erhaltungszustand mit Gebrauchsspuren und Abnützungen. Teile, die bei normaler Nutzung verschleißen, dürfen durch zeitgenössischen Teilen entsprechende Ersatzteile ersetzt sein. Auch die Lackierung, die Oberflächenvergütung der Zierteile und die Innenausstattung dürfen nach damaliger Technik ersetzt worden sein.

Typ B: Einzelstücke
Versuchs-, Renn- und Entwicklungsfahrzeuge, welche speziell für einen bestimmten Zweck durch den Hersteller oder eine Vorgängerfirma angefertigt wurden. Als Original gilt der im Archiv dokumentierte Bauzustand der jeweiligen Versionen.

Typ C: Umbauten
Darunter fallen Fahrzeuge, die außerhalb der Zeitperiode mit oder ohne Verwendung von Originalteilen als Nachbau eines zeitgenössischen Fahrzeugs hergestellt wurden. Ein solches Fahrzeug muss als Nachbau gekennzeichnet sein. Der Erbauer wird als Hersteller betrachtet. Fahrzeuge können nur an Veranstaltungen teilnehmen, wenn das Herstellungsdatum den jeweiligen Bestimmungen entspricht.

Gruppe 1 = Marktauthentisch
Ein Fahrzeug, nachweisbar echt aus der Zeitperiode, im Zustand, wie es vom Hersteller oder dessen Vorgängerfirma ausgeliefert wurde, mit geringen Gebrauchsspuren, komplett unverändert, einschließlich des Ex- und Interieurs. Ausgenommen sind der zeitgenössische Ersatz der Bereifung, der Batterie, der Zündkerzen und der definierten Verschleißteile (s. Garantiebestimmungen). Matching numbers & Nummern- und Teilekreise sind korrekt.

Gruppe 2 = Original
Ein gebrauchtes historisches Fahrzeug, aber niemals restauriert, mit fortlaufendem Besitz- und Nutzungsnachweis, in einem dem Auslieferungszustand entsprechenden Erhaltungszustand mit Gebrauchsspuren und Abnützungen. Teile, die bei normaler Nutzung verschleißen, dürfen durch zeitgenössischen Teilen entsprechende Ersatzteile ersetzt sein. Die Lackierung, die Oberflächenvergütung der Zierteile und die Innenausstattung können nach damaliger

Technik ersetzt worden sein. Zudem sollte es über Matching numbers verfügen.

Gruppe 3 = Restauriert

Dabei handelt es sich um ein Fahrzeug mit bekannter Geschichte, das total oder teilweise zerlegt, überholt und anschließend wieder zusammengebaut wurde, mit nur unerheblichen Abweichungen zum original konstruierten Zustand in Bezug auf Materialien und die verwendeten Ersatzteile. Originalteile müssen, soweit sie verfügbar sind, verwendet werden, können aber auch, wenn notwendig, durch nachgefertigte und geprüfte Teile ersetzt werden. Die Innenausstattung und das äußere Finish kann ersetzt sein, sollte sich aber so weit wie möglich der zeitgenössischen Ausstattung anpassen. Die Restaurierung ist eine Maßnahme, die Ausnahmecharakter behalten sollte. Ziel ist es, die ästhetischen und historischen Werte zu erhalten und zu erschließen. Die Restaurierung gründet sich auf die Respektierung des überlieferten Bestandes und auf authentische Dokumentation. Sie findet dort ihre Grenze, wo die Hypothese beginnt. Der Zweck der Konservierung und Restaurierung ist ebenso die Erhaltung des Artefakts wie die Bewahrung seines geschichtlichen oder technischen Zeugnisses.

Bei Restaurierungsarbeiten gilt als bindend, diese zu dokumentieren und zu archivieren. Alle Arbeiten der Konservierung und Restaurierung müssen von der Erstellung einer genauen Dokumentation in Form analytischer Berichte, Zeichnungen und Fotografien begleitet sein. Alle Arbeitsphasen sind zu verzeichnen. Diese Dokumentation ist zu archivieren und für wissenschaftliche und publizistische Zwecke bereitzuhalten. Zeitgenössische Materialien und Arbeitstechniken müssen, soweit möglich, verwendet werden. Hierbei erfolgt eine Abwägung in Bezug auf den zukünftigen Einsatz (z. B. technikhistorische Quelle im Museum oder regelmäßiger Fahreinsatz im Straßenverkehr).

Gruppe 4 = Wiederaufgebaut

Werden Teile von einem oder mehreren Fahrzeugen einer Baureihe oder eines Typs zu einem Fahrzeug vereint, wie es nach Herstellerspezifikation möglich war, so ist dies ein Wiederaufbau. Die verwendeten Teile können während des Wiederaufbaus des Fahrzeuges hergestellt worden sein oder aber auch außerhalb der normalen Nutzungsdauer des Fahrzeuges, wie z. B. Karosserie, Motorblock, Zylinderkopf, Getriebe oder andere, nicht für die Identität relevante Teile. Die Innenausstattung und das äußere Finish sollten sich der zeitgenössischen Ausstattung so weit wie möglich anpassen.

Gruppe 5 = Nachbau

Ein vom Hersteller autorisierter Nachbau, bei dem unabhängig von der Fertigungstiefe die Unternehmensstandards eingehalten werden, wird als Werksnachbau klassifiziert.

Unter Zugrundelegung dieser Standards wurden drei für die Geschichte relevante Mercedes-Benz Kompressorfahrzeuge, die mit einer Stromlinienkarosserie versehen waren, wiederhergestellt. Dabei wurde die historische Substanz konserviert und dadurch der Wert als historische Quelle und Informationsträger erhalten. Denn neben der reinen, scheinbar perfekten Restaurierung gibt es einen zweiten Weg der Erhaltung. In dem Artikel »Kulturgut Automobil« bemerkt Mandsys dazu:

»Die zweite, wissenschaftliche Vorgehensweise legt den Schwerpunkt auf die ganzheitliche Erforschung des Automobils mit dem Ziel, die individuellen Bedeutungsebenen zu erforschen und deren soziokulturelle Einflüsse und Auswirkungen benennen zu können. Dies umfasst den Erhalt des Immateriellen, wie die Erforschung der individuellen Fahrzeug- und Nutzungsgeschichte im Kontext mit den geschichtlichen und gesellschaftlichen Entwicklungen. Ein weiterer wichtiger Bestandteil dieser Vorgehensweise stellt die wissenschaftliche Dokumentation aller Phasen, von der Zeit der Nutzung bis hin zur Nicht-Nutzung des Automobils, dar. Das historische Automobil wird in seiner Gesamtheit und maximalen Aussagekraft erhalten. Die Wahrung des Authentischen, Historischen steht hier vor der Rekonstruktion eines interpretierten Ursprungszustands. Der Erhalt oder die Wiederherstellung des Fahrbetriebs sind hier meist nicht von vorrangiger Bedeutung. Diese Vorgehensweise entspricht den Leitlinien von Museen – Sammeln, Bewahren und Vermitteln. Beide Ansätze haben, entsprechend des Blickwinkels, ihre Berechtigung, erfassen aber nicht die Gesamtheit der historischen Automobile. Ein Automobil wird erst durch seine Geschichte, verbunden mit den soziokulturellen und gesellschaftlichen Zusammenhängen zum Kulturgut. Ein Automobil ohne Funktion verliert den Bezug zum Entwicklungs- und Herstellungsprozess sowie seiner Nutzung und eigentlichen Bedeutung.«

So geht es denn, über die eigentliche Restaurierung bzw. Rekonstruktion hinaus, darum, das Automobil in seinen zeithistorischen Kontext zu stellen, Quellen zu eruieren und den Entwicklungsprozess bis hin zu der jeweiligen Konstruktion zu beleuchten. Auf diese Weise wird Automobilgeschichte in ihrer ganzen Authentizität erlebbar gemacht, und Meilensteine der technischen Entwicklung können als Anschauungsobjekte in ihrer ganzen Komplexität präsentiert werden.

Anhang

Biografien

Paul Daimler

Hermann Ahrens

Friedrich Geiger

Wilhelm Kissel

Ferdinand Porsche

Wilhelm Haspel

Hans Nibel

Max Sailer

Reinhard Freiherr von Koenig-Fachsenfeld

Paul Daimler

* 13. September 1869 in Karlsruhe

† 15. Dezember 1945 in Berlin

Paul Daimler wurde am 13. September 1869 als erstes Kind von Gottlieb Daimler und seiner Frau Emma in Karlsruhe geboren. Seine Reifeprüfung legte er 1889 in der Königlichen Realanstalt in Stuttgart ab. Es folgte das Studium an der Technischen Hochschule in Stuttgart. Am 10. November 1885 unternahm er mit dem weltweit ersten Motorrad eine Fahrt von Cannstatt nach Untertürkheim. Schon früh war er an den technischen Entwicklungen des Vaters interessiert. So war es nur logisch, dass er in dessen Unternehmen eintrat, wo er von 1897 bis 1901 als Konstrukteur arbeitete. Im Jahr 1902 wurde er als persönlich haftender Gesellschafter Technischer Leiter der österreichischen Daimler-Motoren-Gesellschaft in Wiener-Neustadt. 1903 konstruierte er dort einen der ersten Panzerkraftwagen.

Die Aufgabe bei Austro-Daimler nahm er bis 1905 wahr, dann kehrte er zurück nach Stuttgart. Paul Daimler war verheiratet mit Helene Daimler, geb. Jakob. Aus der Ehe gingen drei Kinder hervor: Paul Gottlieb, Gerhard und Helene.

Als Wilhelm Maybach 1907 aus der DMG ausschied, wurde Paul Daimler als dessen Nachfolger Leiter des Konstruktionsbüros und technischer Direktor. Erfolge seiner konstruktiven Arbeit ließen nicht auf sich warten. Beim Großen Preis von Frankreich 1908 in Dieppe siegte Christian Lautenschlager mit dem Vierzylinder-140-PS-Mercedes, dessen Konstruktion Paul Daimlers Handschrift trug. Bis 1922 war er Technischer Leiter der Werke Untertürkheim, Sindelfingen und Berlin-Marienfelde. Aber er konnte sich nicht mit allen Konstruktionen durchsetzen. Sein Achtzylinder-Projekt wurde nicht genehmigt, und so verließ er 1923 enttäuscht die DMG, um als Technischer Direktor der Horch-Werke in Berlin bei der Argus-Motoren-Gesellschaft anzuheuern. Dort baute er den ersten deutschen Achtzylinderwagen, den Horch 8, der als repräsentativer Luxuswagen das Image der Firma August Horch nachhaltig prägte.

Nachfolger von Paul Daimler bei der DMG wurde Ferdinand Porsche, der als Technischer Direktor grundsätzlich an der Kompressor-Technik festhielt. 1928 zog sich Paul Daimler aus gesundheitlichen Gründen aus der Industrie zurück, blieb dieser aber als beratender Ingenieur verbunden. Paul Daimler starb am 15. Dezember 1945 in Berlin.

Die von Paul Daimler initiierte Kompressor-Technik setzte die Daimler-Motoren-Gesellschaft (DMG) – Vorgängerunternehmen der Daimler-Benz AG – erstmals 1917 im Flugmotorenbau ein. Um dem Leistungsabfall der Flugmotoren in größeren Höhen zu begegnen, verwendete die Daimler-Motoren-Gesellschaft mechanische Luftverdichter, mit denen die nötige Aufladung erreicht wurde und damit zugleich auch eine stabile Leistung der Flugmotoren. Es war Paul Daimler, der älteste Sohn von Gottlieb Daimler, der diese Technologie initiierte. Allerdings lag eine brauchbare Lösung erst im Jahre 1918 vor, also erst kurz vor dem Ende des Ersten Weltkrieges. Als der Versailler Vertrag 1919 dem Flugmotorenbau im Deutschen Reich de facto ein Ende machte, übertrug Paul Daimler die bei der Kompressor-Entwicklung gewonnenen Erkenntnisse auf den Renn- und Personenwagenbau. Prinzipiell funktioniert das verwendete Roots-Gebläse wie eine Zahnradpumpe. Doch anstelle der ineinander greifenden Zahnräder fördern zwei gegenläufige Walzen mit 8-förmigen Querschnitten die Gase. Die Walzen arbeiten mit minimalem Spaltmaß in einem Gehäuse, dessen Innenraum im Prinzip aus zwei mit Abstand verbundenen Halbkreisen besteht. Die Verdichtung der Gase geschieht durch den Förderdruck. Der Kompressor wird von der Kurbelwelle angetrieben und dreht sich in der Regel mit mehrfacher Motor-Umdrehungszahl. Wird ein solches Roots-Gebläse vor dem Vergaser als sogenannter Druck-Kompressor montiert, presst es bereits verdichtete Luft in den Vergaser, der sie mit Treibstoff anreichert. Vorteil gegenüber einem Vergaser ohne vorgeschalteten Kompressor: Das Roots-Gebläse erhöht durch die Vorkompression den Füllungsgrad der Zylinder; mehr Füllung ergibt mehr Leistung.

Auf der Berliner Automobilausstellung stellte die DMG zwei von Paul Daimler konstruierte Kompressorfahrzeuge vor. Es waren dies der Mercedes Typ 6/20 PS und der Mercedes Typ 10/35 PS. Die Serienproduktion der leistungsgesteigerten Typen 6/25/40 PS und 10/45/65 PS lief im Frühjahr 1923 an. Neben den üblichen Angaben – Steuer-PS an erster Stelle und Motorleistung an zweiter Stelle – war nun als dritte Zahl die Leistung mit eingeschaltetem Kompressor angegeben. Die genannten Mercedes-Typen waren die Vorreiter einer beispiellos erfolgreichen Kompressor-Ära bei Mercedes- und Mercedes-Benz Fahrzeugen.

Erfolge seiner konstruktiven Arbeit ließen nicht auf sich warten. Beim Grand Prix von Frankreich in Dieppe siegte Christian Lautenschlager mit dem Vierzylinder-140-PS-Mercedes, dessen Konstruktion Paul Daimlers Handschrift trug.

Hermann Ahrens

* 14. März 1904 in Uslar

† 9. November 1995 Sindelfingen

Für den Vorstandsvorsitzenden der Daimler-Benz AG, Wilhelm Kissel, und seinen Chefkonstrukteur Hans Nibel war der Fall klar: Mercedes brauchte im Karosseriebereich ein überzeugendes Design, um sich noch besser von den Wettbewerbern wie Maybach oder Horch abzusetzen, die zudem über Zwölfzylinder-Modelle verfügten. In den Fokus geriet dabei der Gestalter, der mit seinen Karosserien für die Acht- und Zwölfzylindermodelle von Horch für Aufsehen gesorgt hatte. Im Hotel Stephani in Baden-Baden kam es zwischen den drei Herren zu einem konspirativen Treffen. Der dort stattfindende Concours d'élègance bot sich als Gelegenheit für ein solches Treffen geradezu an. So kam es, dass Ahrens schon am 12. September 1932 die Leitung der Konstruktionsabteilung für Sonderaufbauten übernahm. Unter seiner Ägide entstanden faszinierende Formen sowohl im Serien- wie im Sonderwagenbau. Ahrens Vater war Gießereiarbeiter in Uslar. 1914 zog die Familie nach Lippstadt, wo der Junge seinen Volksschulabschluss machte und danach eine Schlosserlehre in einer Artillerie-Werkstatt begann. Noch während der Lehrzeit kam Ahrens ins Konstruktionsbüro, wo er das technische Zeichnen lernte. An der Fachhochschule Bingen und im Anschluss daran an der Schwesterschule Varel in Ostfriesland schloss er sein Ingenieurstudium mit summa cum laude ab.

Seine erste Arbeitsstelle war die Wagenkörperfabrik (WAKÖ) in Spandau. Hier fertigte er nicht nur Karosseriezeichnungen, sondern als Techniker und Werkzeugmacher auch die Gesenke für die Pressen. Die WAKÖ lieferte Karosserien für Ego, Brennabor, Hansa, NSU, Wanderer und Horch. Als die Wagenkörperfabrik von den Deutschen Werken an Ambi-Budd verkauft wurde, wechselte Ahrens 1928 zu Horch. Hier entwarf er nicht nur alle Acht- und Zwölfzylinderkarosserien. Er überwachte auch die Herstellung der Versuchs- und Musterkarosserien und kümmerte sich um die Pressgesenke und die Vorrichtung für die Karosserieproduktion.

Der von Paul Daimler konstruierte Horch 8 war ein Verkaufserfolg und rangierte stückzahlenmäßig vor dem Mercedes-Benz Typ Nürburg. Kein Wunder also, dass Daimler-Benz diesen Mann für den Sonderwagenbau unbedingt haben wollte.

In den Verkaufsprospekten der Daimler-Benz AG von 1939 fand sich ein großer Variantenreichtum, der bezeichnend war für den damaligen Automobilbau. Das Modell 260 D (W 138) gab es als Innenlenker, Pullman-Limousine, Landaulet und Cabriolet B. Den Typ 320 (W 142) als Innenlenker, Pullman-Limousine, Cabriolet A, Cabriolet B, Cabriolet D, Pullman-Cabriolet F und Offenen Tourenwagen. Den »Großen Mercedes« Typ 770 (W 07) als Pullman-Limousine, Cabriolet D, Cabriolet F und Torpedo. Von dem berühmten Kompressor-Sportwagen 540 K (W 29) wurde ein viersitziger Innenlenker angeboten, ein Cabriolet A, Cabriolet B und der noch heute ob seines formalen Auftritts legendäre Sport-Roadster, wie die korrekte Bezeichnung im zeitgenössischen Verkaufsprospekt lautete. Fast allen diesen Modellen hatte Ahrens ihr mercedestypisches und vor allem einheitliches Gesicht gegeben.

Noch heute sind es vor allem die von Ahrens gezeichneten Modelle, die auf Automobilauktionen höchste Preise erzielen. Auch der Geländewagen G4 mit seinen zwei angetriebenen Hinterachsen, der aus dem dreiachsigen Eineinhalbtonnen-Lastwagen G3 entwickelt worden war, verdankte ihm seinen optischen Auftritt. Ebenfalls auf Ahrens zurück geht die nur 105 kg leichte Karosserie des Geländesportroadsters in ihrer heute noch modern wirkenden Form.

Der »Dicke«, so sein liebevoll gemeinter Spitzname, musste sich dann kriegsbedingt um Nutzfahrzeuge kümmern. Sein Einheits-Fahrerhaus wurde sowohl für die Mercedes-Benz-Typen L 701 und L 4500 als auch von Ford und Büssing verwendet. Nach dem Krieg entwickelte er zwar noch den 300er der Baureihe W 189 in all seinen Varianten und auch noch das Coupé und Cabriolet für die Ponton-Karosserie des 220 S. Sein Hauptaufgabengebiet aber sollten fürderhin die Nutzfahrzeuge darstellen. Mit dem O 321 H stellte er den ersten Omnibus der Daimler-Benz AG mit selbsttragender Karosserie her und bereitete damit den Boden für Daimler-Benz als führenden Omnibushersteller. Ab 1960 kam es zu einer Neuorganisation. Fritz Nallinger schuf zwei Bereiche; der eine, zuständig für Pkw-Aufbauten und Karl Wilfert unterstehend, der andere für den Nutzfahrzeugbereich, der Beritt von Ahrens. Unter seiner Leitung entstanden nun eine ganze Reihe von Frontlenker-, Kurzhauber- und Langhauber-Versionen, die formal noch heute begeistern und die das Nutzfahrzeug-Design bei Daimler bis heute prägen. Im Jahr 1971 ging Hermann Ahrens in den Ruhestand.

Noch heute sind es vor allem die von Ahrens gezeichneten Modelle, die auf Automobilauktionen höchste Preise erzielen.

Friedrich Geiger

* 24. November 1907 in Süßen

† 13. Juni 1996 in Bad Überkingen

Für den amerikanischen Mercedes-Importeur Maxi Hoffmann stand fest: aus dem Rennsportwagen 300 SL (W 194) ließe sich in ziviler Version in den USA ein Verkaufsschlager machen. Er überzeugte den Mercedes-Vorstand, und als dieser zurück in Deutschland war, erhielt Friedrich Geiger den Auftrag, eine Serienkarosserie in Anlehnung an die Rennsportvariante zu zeichnen. Zu diesem Zeitpunkt ahnte noch niemand, dass Geiger mit dem Karosserieentwurf für den 300 SL der Baureihe W 198 *die* Sportwagenikone des 20. Jahrhunderts gelingen sollte. Der »Flügeltürer«, wie er im deutschen Sprachraum genannt wird, heißt bei den Franzosen »Papillon« (Schmetterling) und »Gull Wing« (Möwen-Flügel) bei den Engländern. Er ist das optische Monument eines Sportwagens, der generationenübergreifend die Fans verzaubert. Auch die Roadster-Variante, die ab 1957 in den Verkauf gelangte, stammte aus Geigers Feder und strahlte nicht weniger Faszination aus. Er schuf das typische SL-Gesicht, das bis in unsere Tage prägendes Stilelement aller SL-Modelle ist. Dass mit Geiger der Richtige für diese Aufgabe gewählt worden war, dafür sprachen schon seine bald 20 Jahre zurückliegenden Entwürfe aus der Vorkriegszeit, die ein ähnliches Fluidum verströmten. Bestes Beispiel: der Spezial-Roadster des Typs 500 Kompressor der Baureihe W 29. Kein Auto verfügt über vergleichbar prickelnde Proportionen von Motorhaube und Fahrgastabteil wie dieser Wagen aus den 1930er Jahren. Als Friedrich Geiger Ende 1973 in den Ruhestand ging, schenkten ihm seine Mitarbeiter dieses Modell detailversessen selbstgebaut im Maßstab 1:10.

Friedrich Geiger war gelernter Wagenmacher. Den Beruf des Designers gab es in diesen Jahren noch nicht. Autokarosserien entstanden für die damals üblichen Rahmenfahrzeuge ähnlich wie Kutschenaufbauten. Bei Hermann Ahrens trat Geiger 1933 in die Abteilung Sonderwagenbau ein.

Nach dem Krieg verließ er die Daimler-Benz AG für zwei Jahre. Ab 1948 arbeitete er im Bereich von Karl Wilfert, der als visionärer Techniker der passiven Sicherheit eine kreative, schöpferische Kraft als Ergänzung brauchte. Unter seine Ägide entstanden faszinierende, aber auch typische Mercedes-Benz-Modelle wie der 600er der Baureihe W 100 oder der erste Personenwagen mit Sicherheitskarosserie, der W 111. Besonders beeindrucken heute noch Coupé und Cabriolet der Baureihe W 111/112, die sowohl vom Interieur- als auch vom Exterieur-Design zu überzeugen wissen. Die erste, noch nicht offiziell so titulierte S-Klasse der Baureihe W 108/109 entstammte ebenso Geigers Zeichenstift wie die barock anmutenden Karosserien des chromgeschmückten W 116 und des SL der Baureihe R 107, der im Übrigen 18 Jahre lang gebaut wurde.

Dass Geiger die formale Idee eines Mercedes aber auch bei der mittleren Baureihe umsetzen konnte, beweisen der »Strich-Acht« (W 114/115) und der W 123. Von der erstgenannten Baureihe fuhr Geiger jahrelang stolz das Coupé. Er arbeitete unter der Ägide von Fritz Nallinger und im Anschluss daran bei Hans Scherenberg, die beide akribisch darüber wachten, dass das Gesicht eines Mercedes-Benz auch als solches erkennbar blieb. Friedrich Geiger gelang dies zu einhundert Prozent, denn bei aller ihm eigenen Bescheidenheit war er nie engstirnig. So fanden auch unkonventionelle Designlösungen wie das Pagodendach beim 230 SL (Baureihe W 113) bei ihm Akzeptanz. Sowohl Bruno Sacco, sein direkter Nachfolger, als auch Peter Pfeifer (Chef-Designer nach Bruno Sacco) haben peinlich genau darauf geachtet, dieses Erbe zu tradieren. Jürgen Hubbert, von 1989 bis 2004 Vorstandsmitglied der Daimler-Benz AG, fasste dies wie folgt zusammen:
»Ich glaube, dass es uns gelungen ist, über viele Jahr eine sehr kontinuierliche und schlüssige Designlinie zu pflegen. Neben Karl Wilfert und Friedrich Geiger ist Bruno Sacco zu nennen, der eine eigene Handschrift gefunden hat und damit die Linie des Hauses geprägt hat.«

Der »Flügeltürer«, wie er im deutschen Sprachraum genannt wird, heißt bei den Franzosen »Papillon« (Schmetterling) und »Gull Wing« (Möwen-Flügel) bei den Engländern.

Wilhelm Kissel

»Primus inter pares«

* 22. Dezember 1885 in Haßloch

† 18. Juli 1942 in Überlingen

Wilhelm Kissel trieb die Gründung der Daimler-Benz AG in den 1920er Jahren voran und nahm anschließend führende Positionen ein, zuletzt bis 1942 als Vorstandsvorsitzender. Er stabilisierte die wirtschaftliche Basis und formte das Unternehmen zu einem großen Technikkonzern mit verschiedenen Geschäftsfeldern, unter anderem baute er das Flugmotoren- und Automobilgeschäft deutlich aus. In den Zeiten der nationalsozialistischen Regierung in Deutschland versuchte er, den Einfluss von Staat und Partei möglichst gering zu halten – was mal mehr, mal weniger gelang.

Die Zeit nach dem Ersten Weltkrieg bis in die 1920er Jahre hinein war schwer für die Automobilindustrie. Die Konkurrenz war groß, die Ertragslage schlecht. Viele Unternehmen sahen den Ausweg in Kooperationen und Fusionen – auch die Daimler-Motoren-Gesellschaft (DMG) und Benz & Cie. Bis dato Konkurrenten, verschmolzen sie am 1. Juli 1926 unter dem Druck wirtschaftlicher Schwierigkeiten zur Daimler-Benz AG, nachdem sie zwei Jahre zuvor schon eine Interessensgemeinschaft gegründet hatten. Ein bedeutendes Unternehmen war geboren.

In jenen Tagen fuhr am Stuttgarter Hauptbahnhof ein Benz 10/30 PS vor, das bescheidenste Auto im Verkaufsprogramm der Interessensgemeinschaft, um jenen Mann abzuholen, der von Benz aus den Zusammenschluss beider Firmen erfolgreich betrieben hatte: Wilhelm Kissel. Er bezog sein neues Büro in der Konzernzentrale in Stuttgart, doch der kleine ihm dort eingerichtete Raum, nur mit Schreibtisch, Stuhl und Aktenschrank versehen, war ein weiteres Zeichen dafür, wie wenig begeistert die Daimler-Leute davon waren, dass ein Benz-Mann nun im Vorstand des neuen Unternehmens eine wichtige Rolle einnehmen sollte.

Starke Bedeutung für den Zusammenschluss hatten auch Emil Georg von Stauss, Vorstandsprecher der Deutschen Bank, und Carl Jahr, Direktor der Rheinischen Kreditbank AG, die beide ebenfalls an der Interessensgemeinschaft mitgewirkt hatten. Der entsprechende Vertrag, der beide Unternehmen schon als wirtschaftliche Einheit auffasste, verpflichtete zu einer gemeinsamen Modellpolitik. Die Vertriebsaktivitäten für die Marken Mercedes und Benz übernahm eine neu gegründete Mercedes-Benz Automobil GmbH. Unterschiedliche Auffassungen gab es allerdings in der strategischen Ausrichtung des Unternehmens. Während die DMG in Stuttgart eine Diversifizierungsstrategie in Richtung Schiffs- und Flugmotoren anstrebte, wollte Benz & Cie. in Mannheim zuvorderst die Konkurrenzfähigkeit auf dem Automobilsektor wiedergewinnen.

Nach seiner kaufmännischen Lehre bei zwei metallverarbeitenden Betrieben begann Kissel am 1. Juli 1904 als Korrespondent bei Benz & Cie. Drei Jahre später wechselte er in die Einkaufsabteilung, deren Leitung er 1909 übernahm. 1921 wurde ihm die Verantwortung des Zentraleinkaufs übertragen. Als die Idee der Interessensgemeinschaft mit der DMG aufkam, wurde er Mitorganisator und über eine erste konkrete Verflechtung beider Unternehmen 1925 ordentliches Vorstandsmitglied der DMG.

Nach der Fusion beider Unternehmen im Jahr 1926 waren der Aus- und Aufbau des Deutschen Verkaufsgeschäfts sowie die Überwachung des Einkaufs seine Aufgabe, ein Vorstandsvorsitzender wurde zunächst nicht ernannt. 1930 wurde Kissel dann Vorsitzender des Vorstands. Zunächst inoffiziell leitete er ohne den Titel eines Vorstandsvorsitzenden oder Generaldirektors als primus inter pares die Vorstandssitzungen. Als 1937 ein neues Aktiengesetz in Kraft trat, übernahm er das Amt dann auch formell.

1933, im Jahr der Regierungsübernahme durch die Nationalsozialisten, verlieh ihm die Technische Hochschule Darmstadt den Titel eines Dr.-Ing. e.h., zudem trat Kissel in das Nationalsozialistische Kraftfahrkorps (NSKK) ein, ein Jahr später in die Nationalsozialistische Partei Deutschlands (NSDAP). Dabei war er religiös stark geprägt. Als man ihm nahelegte, aus der Kirche auszutreten, antwortete er: »*Bis heute habe ich für mich nirgendwo einen stärkeren inneren Halt gefunden als im Christentum, und bisher ist mir noch kein vollwertiger Ersatz bekannt geworden. Wenn Sie einen gefunden haben, dann können Sie mich ja verständigen und bei mir mal wieder anfragen.*« Sein Führungsstil im Unternehmen war autokratisch, manche Kritiker bezeichneten ihn als despotisch: Kissel war davon überzeugt, den besten Gesamtüberblick über das Unternehmen zu besitzen.

Seine Verdienste für das Unternehmen waren vielfältig. Im Vorstand von Daimler-Benz agierte er oft ausgleichend als »primus inter pares«. Unter seiner Ägide wurde die gemeinschaftliche Marke Mercedes-Benz geformt und 1926 das erste Sechszylinder-Personenwagenprogramm vorgestellt. Trotz Wirtschaftskrise befürwortete er den Ausbau des Nutzfahrzeugbereichs in Gaggenau, die Entwicklung des Fahrzeug-Dieselmotors von Benz sowie die Einführung der Fließbandfertigung im Jahr 1928. Selbst während der Weltwirtschaftskrise Ende der 1920er Jahre, in der die Modellpalette mit dem Mercedes-Benz 170 (Baureihe W 15) abgerundet wurde, wendete er sich gegen drohende Werkschließungen, da er felsenfest an den Erfolg des Unternehmens glaubte. Er war stets ein scharfer Rechner, doch sein Credo lautete: »*Trotzdem wir in diesen kritischen Jahren mit unseren Mitteln haushälterisch umgehen müssen, ist es nötig, mehr als je der Welt zu beweisen, dass der Geist von Gottlieb Daimler und Carl Benz in uns weiterlebt, und zu beweisen, dass die Daimler-Benz AG entschlossen ist, das Erbe zu verteidigen.*«

Als sich von 1933 an die wirtschaftliche Situation im Deutschen Reich belebte, stellte Kissel mehrere Tausend neue Mitarbeiter ein. Die Belegschaft wuchs von 9148 Personen im Jahr 1932 innerhalb von sechs Jahren auf 46.713. Während dieser Zeit wurde auch der Großmotorenbau ausgeweitet; so entstand im Jahr 1935 in Form des DB 600 ein wassergekühlter Zwölfzylinder mit 1000 PS, eine neue Generation von Flugmotoren. 1936 folgte der DB 601, der ebenso wie sein Vorgänger in diverse Flugzeuge der Luftwaffe eingebaut wurde – beispielsweise in die Bf 109, die He 111 und die Do 17.

In der Personenwagensparte ist vor allem die Produktionsaufnahme des Mercedes-Benz 170 V (W 136) im Jahre 1936 hervorzuheben, das erste wirkliche Großserienauto von Daimler-Benz. Am oberen Ende des Produktionsprogramms sind es die Modelle »Großer Mercedes« und die Achtzylinder-Kompressormodelle, die Nimbus und Gesicht der Marke bis heute prägen. Die Produktion wurde erheblich ausgeweitet: Produzierte Daimler-Benz 1926 noch 2169 Pkw, so waren es 1939 bereits 15.694 Stück. Kissel war auch ein Befürworter des Rennsports, und so kehrte das Unternehmen 1934 erfolgreich in das Grand-Prix-Geschehen zurück.

Es war eine Zeit, in der Staat und Partei starken Einfluss auf Wirtschaftsunternehmen ausübten. Kissel versuchte, diesen möglichst gering zu halten, insbesondere später während des Zweiten Weltkriegs, als die Produktion weitgehend auf Rüstungsgüter umgestellt war. Kissel sah auf der einen Seite die Lieferverpflichtungen gegenüber der Wehrmacht, auf der anderen Seite die Erfordernisse von Daimler-Benz als eigenverantwortlichem Wirtschaftsbetrieb. Es war eine ständige Gratwanderung, die Wilhelm Kissel nicht leichtfiel. Er starb 1942 völlig unerwartet im Alter von 56 Jahren.

Ferdinand Porsche

* 3. September 1875 in Maffersdorf, Böhmen

† 30. Januar 1951 in Stuttgart

Ferdinand Porsche war nur wenige Jahre bei der Daimler-Motoren-Gesellschaft und der Daimler-Benz AG, vom Frühjahr 1923 bis Ende 1928. Seine Erfolgsbilanz war durchwachsen: Bei kleineren Typen und Nutzfahrzeugen reüssierte er nicht, hingegen war er bei den leistungsstarken Personenwagen erfolgreich. Unvergessen sind die von ihm konstruierten Kompressor-Sportwagen, insbesondere die S-Typen.

Als Paul Daimler 1922 die Daimler-Motoren-Gesellschaft (DMG) verließ, wurde 1923 der von Austro-Daimler kommende Ferdinand Porsche sein Nachfolger. Dieser hatte Paul Daimler schon einmal abgelöst, und zwar bei der Vorgängergesellschaft von Austro-Daimler, der Österreichischen-Daimler-Motoren-Gesellschaft mbH in Wiener Neustadt. Was man damals bei der DMG nicht wusste: Auch Porsches Entwicklungsschwerpunkte lagen eher bei großen und teuren als bei kleinen und preisgünstigen Automobilen.

Ferdinand Porsche behielt Paul Daimlers Linie bei, den Kompressor zur Leistungssteigerung einzusetzen. Erstes Ergebnis war der bei der Targa Florio 1924 siegreiche Mercedes mit Zweiliter-Kompressormotor, als Anerkennung verlieh ihm die Technische Hochschule (TH) Stuttgart 1924 die Würde eines Dr.-Ing. ehrenhalber. Seine ersten Serienwagen-Konstruktionen für die DMG waren die Typen Mercedes 15/70/100 PS und 24/100/140 PS, die beide 1924 auf den Markt kamen und nach der im Jahr 1926 erfolgten Fusion der DMG mit Benz & Cie auch unter der neu geschaffenen Marke Mercedes-Benz angeboten wurden. Zur Leistungssteigerung waren sie mit Roots-Kompressoren ausgestattet und gehörten zu den leistungsstärksten Serienautomobilen ihrer Zeit. Übertroffen wurden sie von 1926 an vom Mercedes-Benz Modell K, auch als Typ 630 K bezeichnet.

Die beiden Vorgängertypen blieben nach der Fusion zwar im Programm, doch der K markierte die neue Spitze: Er war die sportlichere Variante und mit einer Höchstgeschwindigkeit von rund 145 km/h der schnellste Serien-Personenwagen seiner Zeit.

Renn- und Sportwagen faszinierten Porsche eben mehr als die Brot-und-Butter-Autos, die man bei Daimler-Benz allerdings dringend benötigte, um das Modellportfolio nach unten hin zu erweitern. Zwar konstruierte er auch den Mercedes-Benz 8/38 PS, doch der erwies sich als besonders störanfällig. Porsches Position war geschwächt, und Ende 1928 trennte man sich wieder von ihm – nicht aber von der S-Reihe, die bis 1932 weitergebaut wurde, wenn auch nur in der sehr bescheidenen Größenordnung von insgesamt 374 Exemplaren. Hans Nibel übernahm die Oberleitung des Zentral-Konstruktionsbüros; davor hatte er, ursprünglich von Benz & Cie. kommend, dort gleichberechtigt neben Porsche gearbeitet, der auch die Verantwortung hatte.

Rückblende: Ferdinand Porsche wurde 1875 als drittes Kind des Spenglers Anton Porsche geboren und zeigte schon in frühster Jugend ein außergewöhnliches technisches Talent. Im Installateurbetrieb seines Vaters begann er nach der Volksschule eine Lehre und besuchte in Abendkursen die Reichenberger Staatsgewerbeschule. Er hörte Vorlesungen an der damaligen Technischen Hochschule (TH) Wien, allerdings ohne eingeschrieben zu sein, denn eine höhere Lehranstalt hatte er nie besucht. 1903 heiratete Porsche Aloisia Johanna Kaes aus Purschau bei Tachau. 1904 wurde das erste Kind geboren, die Tochter Louise, 1909 kam Sohn Ferdinand zur Welt.

Im Jahr 1893 trat Porsche in die Vereinigte Elektrizitäts-AG Béla Egger in Wien ein, der späteren Brown Boveri. Dort konstruierte er nicht nur einen Radnaben-Elektromotor, den er 1896 zum Patent anmeldete, er stieg auch innerhalb von vier Jahren vom Mechaniker zum Leiter der Prüfabteilung auf. 1897 wechselte Porsche zur k. u. k. Hofwagenfabrik Ludwig Lohner & Co. in Wien. Hier entwickelte er 1899 das Lohner-Porsche-Elektromobil, dessen Vorstellung im Jahr 1900 auf der Pariser Weltausstellung auf große Resonanz stieß. 1906 ging Porsche als Entwicklungs- und Produktionsleiter in der Nachfolge von Paul Daimler zur Österreichischen Daimler-Motoren-Gesellschaft (Austro-Daimler) in Wiener Neustadt. Neben der Entwicklung von Personenfahrzeugen befasste er sich auch mit Flugmotoren und Sportwagen.

Bereits 1908 erschienen seine ersten Flugmotoren für Luftschiffe und Flugzeuge. Bei der »Prinz-Heinrich-Fahrt« 1910 steuerte er siegreich den von ihm konstruierten Austro-Daimler. 1917 wurde er zum Generaldirektor von Austro-Daimler bestellt. Für seine Verdienste um Österreich wurden Porsche 1917 der Ehrendoktor der TH Wien und das Offizierskreuz des Franz-Joseph-Ordens verliehen. 1923 verließ er Austro-Daimler im Streit und wechselte als Vorstandsmitglied und Technischer Direktor nach Stuttgart zur DMG.

Nach dem Weggang dort Ende 1928 und einigen Zwischenstationen gründete Porsche 1931 das eigene Konstruktionsbüro, wiederum in Stuttgart. Jüngster Mitarbeiter der »Dr.-Ing. h.c. F. Porsche GmbH – Konstruktion und Beratung für Motoren- und Fahrzeugbau« war der einundzwanzigjährige Sohn Ferry. Das Büro befasste sich mit der ganzen Bandbreite der Konstruktionen – vom Kleinwagenentwurf für Zündapp bis hin zum Grand-Prix-Wagen mit 16-Zylinder-Mittelmotor, den Ferdinand Porsche, in der Hoffnung auf einen zukünftigen Abnehmer, auf eigene Rechnung konzipierte. Der Abnehmer fand sich 1933 in der Auto Union, die ebenso wie Daimler-Benz Regierungsgelder zum Bau eines neuen Rennwagens erhielt. Auch die ersten Volkswagenkonstruktionen entstanden in Stuttgart. Nach dem Zweiten Weltkrieg wurde Ferdinand Porsche von den Franzosen inhaftiert. Gesundheitlich angeschlagen, erholte er sich nicht mehr von der Haft und starb 1951 in Stuttgart.

Bei der »Prinz-Heinrich-Fahrt« 1910 steuerte er siegreich den von ihm konstruierten Austro-Daimler.

Wilhelm Haspel

* 29. April 1898 in Stuttgart

† 6. Januar 1952 in Stuttgart

Als junger Ingenieur erlebte Wilhelm Haspel 1926 die Geburt der Daimler-Benz AG. Da er neben seinem technischen Wissen auch über fundierte Wirtschaftskenntnisse verfügte, wurde er rasch mit verschiedenen verantwortungsvollen Aufgaben betraut. Die Regierungsübernahme durch die Nationalsozialisten bedeutete für ihn und seiner Familie eine Reihe von Erschwernissen, doch Haspel trug seinen Teil dazu bei, das Unternehmen durch diese schwierige Zeit zu bringen, im Zweiten Weltkrieg von 1942 an schließlich als Vorstandsvorsitzender. Schon früh legte er den Grundstein für das neuerlich freie Wirtschaften in der Nachkriegszeit und gestaltete dann auch erfolgreich den Neuanfang des Unternehmens.

Haspel wusste um den starken Konkurrenzdruck in der Automobilindustrie, um das ständige Wettrennen bei der Erforschung und Entwicklung der stets neuesten Technologien in allen Bereichen. Er war es beispielsweise, der gegen den Widerstand einiger Vorstände die Ganzstahlkarosserie durchsetzte, eine epochale Neuerung, und in entsprechende Pressen investierte. 1928 wurde die erste große Kniehebel-Ziehpresse zum Kernstück des Presswerks in Sindelfingen, das eine rationelle Großserienfertigung ermöglichte.

Wilhelm Haspel wurde 1898 als Sohn des Werkmeisters Johann Gottlieb Haspel und seiner Frau Karoline Pauline, geborene Riehle, am 29. April in Stuttgart-Berg geboren. Er nahm am Ersten Weltkrieg als Leutnant teil. Sein vierjähriges Studium beendete er als Diplom-Ingenieur. 1924 trat er als Abteilungsleiter der Kalkulationsabteilung bei der Daimler-Motoren-Gesellschaft (DMG) ein. Nur ein Jahr später übertrug man ihm Sonderaufgaben im Rechnungswesen, der Betriebswirtschaft und der Statistik. In der aus der Fusion mit Benz & Cie. 1926 entstandenen Daimler-Benz G erhielt Haspel 1927 Handlungsvollmacht und 1929 Prokura. Nebenbei promovierte Haspel an der Technischen

Universität Stuttgart 1927 mit dem Thema »Unkostenerfassung und Selbstkostenrechnung in einem Werk der Fahrzeugindustrie«.

Der erste große Karriereschritt war 1932 die Ernennung zum Abteilungsdirektor des Sindelfinger Werks. Diese Aufgabe führte dazu, dass sich Haspel intensiv mit den Fragen der Konstruktion und der Produktionstechnik von Automobilen auseinandersetzte.

Mit der Regierungsübernahme durch die Nationalsozialisten im Jahr 1933 begann für Haspel und seine Ehefrau Grete, in der Diktion der damaligen Regierung eine »halbjüdische Frau«, eine schwere Zeit. Er selbst, kein Mitglied der NSDAP, beschrieb verschiedentlich, wie das Paar mehr und mehr ins gesellschaftliche Abseits geriet. 1944 wurde er beispielsweise aus der deutschen Jägerschaft ausgeschlossen. Auch wurde erwogen, ihn in ein Arbeitslager zu deportieren. Doch er blieb ein freier Mann und in seiner Tätigkeit und wurde 1936 zum stellvertretenden Vorstandsmitglied und 1941 zum ordentlichen Vorstandsmitglied von Daimler-Benz bestellt. Die Ironie der Geschichte wollte es, dass er damals den zu wichtigsten Personen der deutschen Kriegswirtschaft zählt. Das lag nicht zuletzt daran, dass er nach dem plötzlichen Tod von Wilhelm Kissel im Jahr 1942 gegen viele interne und externe Widerstände den Vorstandsvorsitz der Daimler-Benz AG übernahm. Er leitete die wichtige sogenannte T2-Kommission, der alle Luftfahrtunternehmen angehörten, die Flugmotoren von Daimler-Benz verwendeten. Er war Gruppenleiter Triebwerke im Hauptausschuss Motoren und Bezirksobmann der Wirtschaftsgruppe Fahrzeugindustrie für Württemberg.

Schon während des Zweiten Weltkriegs galt Haspels Sorge der Nachkriegszeit. Deshalb ließ er Metalle und sonstige Rohstoffe horten, um für Friedenszeiten gerüstet zu sein. Haspel bemühte sich darum, Entschädigungen des Reiches für Kriegsschäden sofort einzutreiben, um diese Summen unmittelbar nach dem Krieg in Trümmerbeseitigung und neue Maschinen investieren zu können.

Aufgrund der so genannten Entnazifizierung musste er 1945 zwar vom Vorstandsvorsitz zurücktreten, aber schon 1948 übernahm er ihn wieder, nachdem er im Spruchkammerverfahren entlastet worden war.

Haspel wurden zahlreiche Ehrungen zuteil, unter anderem wurde er Ehrenbürger der Technischen Hochschule Stuttgart, ihm wurde der Titel eines Dr.-Ing. e.h. der Technischen Universität Berlin verliehen, und er war Ehrensenator der Technischen Hochschule Darmstadt. 1952 starb Haspel überraschend. Die Wochenzeitung *Die Zeit* schrieb:

»Am 6. Januar starb der Generaldirektor der Daimler-Benz AG, Untertürkheim, Dr.-Ing. Dr. e.h. Wilhelm Haspel ganz plötzlich an den Folgen einer Gehirnblutung. Der Verstorbene, der nur 53 Jahre alt geworden ist, war seit 1924 Angehöriger der Daimler-Benz AG. [...] Den großen Erfahrungen und der Initiative Dr. Haspels ist es maßgeblich zuzuschreiben, dass die Daimler-Benz AG nach diesem Kriege einen zielbewussten und raschen Wiederaufbau durchführen konnte. Über den engeren Rahmen seines Faches hinaus hatte Dr. Haspel stets die Interessen der Gesamtwirtschaft im Auge. Die deutsche Wirtschaft verliert mit ihm einen bedeutenden Mann, dem sie mehr verdankt, als dass er durch erfolgreiche Führung seinem Unternehmen wieder Weltgeltung verschafft hat.«

Haspels Nachfolger wurde Heinrich Wagner.

Haspel wurden zahlreiche Ehrungen zuteil, unter anderem wurde er Ehrenbürger der Technischen Hochschule Stuttgart.

Hans Nibel

* 31. August 1880 in Olleschau, Mähren

† 25. November 1934 in Stuttgart

Hans Nibel wurde im Jahre 1880 als Sohn eines deutschen Fabrikdirektors in Olleschau in Mähren geboren und katholisch getauft. Nachdem er das humanistische Gymnasium in Mährisch-Schönberg mit dem Abitur verlassen hatte, nahm er ein Ingenieur-Studium an der Technischen Hochschule München auf. Begünstigt durch ein hervorragendes Examen, trat Nibel noch in seinem 24. Lebensjahr in das Konstruktionsbüro der Benz & Cie., Rheinische Gasmotorenfabrik Aktiengesellschaft, Mannheim, ein. In dieser Stellung tat er sich immer wieder mit herausragenden Leistungen hervor, sodass Nibel nicht nur eine ganze Reihe von Auszeichnungen erhielt, sondern bereits im Jahre 1908 zum Chefkonstrukteur avancierte. Weitere Stationen seiner Karriere waren der Aufstieg zum Leiter des Konstruktionsbüros im Jahre 1911 und die Ernennung zum Prokuristen im Jahre 1913.

Zu den größten Erfolgen Nibels gehörte seine maßgebliche Mitarbeit an diversen Rekordfahrzeugen. So wurde unter seiner Ägide ein Rennwagen – der sogenannte »Blitzen-Benz« – konstruiert, mit welchem im Jahre 1911 mit 228 km/h ein Weltrekord aufgestellt wurde. Dieser Weltrekord sollte erst im Jahre 1920 gebrochen werden. Jedenfalls blieb der sogenannte »Blitzen-Benz«, mit dem noch eine Reihe anderer Weltrekorde erzielt wurden, bis heute untrennbar mit dem Namen Hans Nibel verbunden. Im Übrigen betätigte er sich auch persönlich als Rennfahrer, etwa bei Zuverlässigkeitsfahrten wie der »Prinz-Heinrich-Fahrt« oder der »Karpathen-Fahrt«.

Als Leiter des Konstruktionsbüros bei Benz & Cie. hatte Nibel während der Zeit des Ersten Weltkrieges in Mannheim und in Gaggenau einschneidende Umstellungen vorzunehmen. Es galt, das Produktionsprogramm dem wehrwirtschaftlichen Bedarf anzupassen und zugleich die erforderlichen Neuentwicklungen durchzuführen.

Da sich der junge Konstrukteur auch in dieser Aufgabe bewährte, wurde er im Jahre 1917 zum stellvertretenden Mitglied des Vorstandes berufen, um im Jahre 1922 zum ordentlichen Vorstandsmitglied ernannt zu werden.

In diesen Jahren entwickelte er gemeinsam mit Max Wagner, dem Leiter des Mannheimer Konstruktionsbüros für Fahrgestelle, zum ersten Male Rennwagen in Stromlinienform und mit Schwingachsen. Die Leistungen dieser Rennwagen erregten bei internationalen Wettbewerben Aufsehen und stießen auf große Anerkennung. Überdies trug Nibel maßgeblich zur Entwicklung des Dieselmotors für die Verwendung in Straßenfahrzeugen bei. Angesichts solcher, aber auch anderer Verdienste um den Automobilbau verlieh ihm die Technische Hochschule Karlsruhe im Jahre 1922 die Ehrendoktorwürde.

Im Jahre 1924 wurde eine Interessengemeinschaft zwischen der Benz & Cie., Rheinische Automobil- und Motorenfabrik Aktiengesellschaft, und der Daimler-Motoren-Gesellschaft gegründet. Nibel, der als einer der frühesten und überzeugtesten Verfechter einer Fusion galt, wurde recht bald in den Vorstand der »Interessengemeinschaft Daimler-Motoren-Gesellschaft und Benz & Cie.« berufen und leistete in diesem Gremium einen durchaus erheblichen Beitrag für das Gelingen der im Jahre 1926 erfolgten Fusion der beiden Unternehmungen zur Daimler-Benz AG. Nach dem Ausscheiden Ferdinand Porsches als Chef des Konstruktionsbüros der Daimler-Benz AG übernahm Nibel am 1. Januar 1929 die Gesamtleitung des zentralen Konstruktionsbüros. In dieser Position setzte er bedeutsame Akzente hinsichtlich Modellgestaltung und Produktionsprogramm. Hervorzuheben ist in diesem Kontext die Entwicklung eines vergleichsweise kleinen, wirtschaftlichen und preisgünstigen Fahrzeugs. Dieses Fahrzeug – der Mercedes-Benz Typ 170, auch »kleiner Mercedes« genannt – wurde im Jahre 1931, also während der Zeit der Weltwirtschaftskrise, anlässlich des Pariser Autosalons vorgestellt. In technischer Hinsicht verdiente die Konstruktion des Typs 170 insofern Beachtung, als der Wagen vorne und hinten mit Schwingachsen ausgestattet war, d. h., er verfügte über eine Einzelradaufhängung,. Für die Modellpalette der Daimler-Benz AG bedeutete die Produktionsaufnahme des »kleinen Mercedes« vor allem eine Erweiterung »nach unten«. Damit wurde den wirtschaftlichen Rahmenbedingungen der Krisenjahre Rechnung getragen und ein Beitrag dafür geleistet, dass die Daimler-Benz AG im Vergleich mit den konkurrierenden Unternehmungen während dieser Jahre relative Stärke bewies.

Aufmerksamkeit über die Sport- und Automobilwelt hinaus wurde Nibel in seinen letzten Lebensjahren zuteil, als unter seiner Ägide der erste »Silberpfeil« – wiederum ausgestattet mit Einzelradaufhängung – konstruiert wurde. Die von den Fahrern Rudolf Caracciola und Luigi Fagioli auf diesen »Silberpfeilen« errungenen vielbeachteten Siege waren deshalb nicht zuletzt ihm zu verdanken. Als letztes Kapitel seines Lebenswerkes sollte sich die Entwicklung des ersten Luftschiff-Dieselmotors für den LZ 129 herausstellen. Nibel verstarb am 25. November 1934 in seinem 55. Lebensjahr. Sein Nachfolger wurde Max Sailer.

Jedenfalls blieb der sogenannte »Blitzen-Benz«, mit dem noch eine Reihe anderer Weltrekorde erzielt wurden, bis heute untrennbar mit dem Namen Hans Nibel verbunden.

Max Sailer

* 20. Dezember 1882 in Esslingen

† 5. Februar 1964 in Esslingen

Max Sailers Eintritt in die Daimler-Motoren-Gesellschaft (DMG) erfolgte am 26. November 1902. Dort war er, mit kurzen Unterbrechungen zwecks Studiums, bis zum 1. Juli 1905 tätig.

In der Folge arbeitete er dann für die Fahrzeugfabrik Eisenach, kehrte jedoch zum 1. Oktober 1910 zur Daimler-Motoren-Gesellschaft (DMG) zurück. Er war nicht nur ein tüchtiger Entwicklungsingenieur, sondern betätigte sich durchaus erfolgreich auch als Rennfahrer. 1914 gehörte er zum Fahrerkader der Mannschaft, die beim Grand Prix von Frankreich startete. Dabei gelang es ihm als GP-Neuling, zu Beginn des Rennens die Führung zu übernehmen und dabei die schnellste Runde des Rennens zu fahren. Leider schied er, an der Spitze des Feldes liegend, in der 6. Runde wegen Motorschadens aus. Mehr Glück hatte er bei der Targa Florio 1921 in Sizilien, bei der er mit seinem Mercedes 28/95 PS den Preis für den schnellsten Serienwagen gewann und Zweiter im Gesamtklassement wurde, hinter dem Italiener Giulio Masetti auf Fiat. Auch im Folgejahr gelang ihm bei diesem Rennen ein Klassensieg.

Er war nicht nur ein tüchtiger Entwicklungsingenieur, sondern betätigte sich durchaus erfolgreich auch als Rennfahrer.

In Amerika trat das Werksteam der Daimler-Motoren-Gesellschaft (DMG) 1923 erstmals bei den 500 Meilen von Indianapolis mit Kompressorwagen an, was ein Novum in der Geschichte dieses Rennens war. Mit Rang 8 war Sailer neben Christian Werner und Christian Lautenschlagerauf den Plätzen 11 und 23 der erfolgreichste Fahrer im Team.

Zum Direktor der Daimler-Motoren-Gesellschaft (DMG) wurde er 1925, zwischen 1927 und 1929 übernahm er die Leitung des Daimler-Benz-Werks Berlin-Marienfelde. Nach dem Tod von Hans Nibel folgte er diesem im Jahr 1935 als Technischer Direktor für das Gesamtfahrzeugprogramm nach und wurde zudem als stellvertretendes Vorstandsmitglied berufen. Dem Vorstand gehörte er bis zu seiner Pensionierung im Jahr 1942 an. Sailer verantwortete nicht nur die gesamte Fahrzeugentwicklung der Marke Mercedes-Benz, sondern auch die der Renn- und Rekordwagen. Ein Meilenstein in seiner Ägide war die Einführung des Dieselmotors im Pkw in Form des 260 D (W 138) im Jahr 1936. Mit 81 Jahren verstarb er in seiner Heimatstadt Esslingen.

Zum Direktor der Daimler-Motoren-Gesellschaft (DMG) wurde er 1925, zwischen 1927 und 1929 übernahm er die Leitung des Daimler-Benz-Werks Berlin-Marienfelde.

Reinhard Freiherr von Koenig-Fachsenfeld

* 19. März 1899 in Stuttgart

† 9. März 1992 in Aalen-Fachsenfeld

Reinhard Freiherr von Koenig-Fachsenfeld wurde als Kind von Franz Freiherr von Koenig-Fachsenfeld 1899 in Stuttgart geboren. Er besuchte dort auch das Gymnasium. Nach dem Abitur studierte er Maschinenbau an der Technischen Hochschule in Stuttgart. Er war ein begeisterter Motorsportler, auf zwei wie auf vier Rädern. Auf einer englischen Cotton wurde er 1924 erster Deutscher Motorrad-Straßenmeister in der 250-ccm-Klasse. Im darauffolgenden Jahr gewann er auf der Solitüde-Rennstrecke bei Stuttgart in der gleichen Klasse. In Montlhéry fuhr er 1931 mit einem DKW mit einer von ihm entwickelten Stromlinienkarosserie vier Weltbestleistungen.

Als Motorradrenn- und Rekordfahrer erkannte er, dass die Reduzierung des Luftwiderstands entscheidend für die Geschwindigkeit eines Fahrzeugs ist. Auf dem Motorrad muss man sich kleinmachen, um die optimale Höchstgeschwindigkeit zu erzielen. Diese Überlegung ließ sich auch auf Automobile übertragen. Anstelle des Motorradfahrers nahm er die Karosserie eines Automobils, die sich durch ein stromlinienförmiges Äußeres im Luftwiderstand verringern ließ und so das Fahrzeug bei gleicher Motorleistung schneller machte.

Er war ein begeisterter Motorsportler, auf zwei wie auf vier Rädern. Auf einer englischen Cotton wurde er 1924 erster Deutscher Motorrad-Straßenmeister in der 250-ccm-Klasse.

Erste Patente zur Fahrzeugaerodynamik meldet von Koenig-Fachsenfeld schon im Jahr 1922 an. Für den in der Schweiz tätigen Paul Jaray, der seit 1921 ein Patent für eine stromlinienförmige Automobilkarosserie hielt, übernahm er Ende der 20er Jahre die Interessenvertretung für Deutschland mit Beratungstätigkeit für die Automobilindustrie.

Mit dem Sieg Manfred von Brauchitschs im Avus-Rennen 1932 mit einer nach Koenig-Fachsenfelds Entwürfen bei dem Karosseriebauer Walter Vetter aus Cannstatt gefertigten Stromlinienkarosserie trat das Thema Aerodynamik mehr in den Vordergrund. Am 12. März 1936 erhielt der Baron das Patent für eine Stromlinienform mit abgeschnittenem Heck (K-Heck). Später dann übertrug das Reichsverkehrsministerium, welches das Patent aufgekauft hatte, die Rechte an das Forschungsinstitut für Kraftfahrwesen und Fahrzeugmotoren Stuttgart (FKFS), das unter der Leitung von Wunibald Kamm stand. Für den Reifenhersteller Fulda entwickelte Koenig-Fachsenfeld eine Stromlinienkarosserie, die bei Dörr & Schreck in Frankfurt gefertigt und auf einen Maybach SW 38 montiert wurde. Hiermit waren Reifenversuche mit bis zu 200 km/h möglich. Weitere Stromlinienkarosserien entwarf er für Hersteller wie BMW, Adler und Opel. In dem vierbändigen Standardwerk »Aerodynamik des Kraftfahrzeugs« publizierte er seine Forschungsergebnisse und Erfahrungen. Am Stammsitz der Familie, dem Schloss Fachsenfeld, gründete er 1982 die Stiftung »Schloss Fachsenfeld«, die unter anderem eine Dauerausstellung zu seinen grundlegenden Arbeiten zur Fahrzeugaerodynamik präsentiert.

Am 12. März 1936 erhielt der Baron das Patent für eine Stromlinienform mit abgeschnittenem Heck (K-Heck).

Personenregister

Literaturliste

Barthel, Manfred; Lingnau, Gerold: 100 Jahre Daimler-Benz. Die Technik. Mainz 1986.

Daimler AG, Mercedes-Benz Classik: Hersteller-Expertise 105383/2010, Mercedes-Benz 500 K Cabriolet A, Stuttgart 2010.

Daimler-Benz AG (Hrsg.): Die Ahnengalerie. Stuttgart 1986.

Daimler-Benz AG (Hrsg.): Chronik Mercedes-Benz Fahrzeuge und Motoren. Stuttgart 1978.

Daimler-Benz Aktiengesellschaft (Hrsg.): Die Renngeschichte der Daimler-Benz Aktiengesellschaft und ihrer Ursprungsfirmen 1894–1939. 2. Aufl., Stuttgart-Untertürkheim 1940.

Daimler, Paul: »Der Kompressor. Ein Beitrag zu seiner Entstehung«, in: Motorschau, Jg. 1939, Heft 1.

Engelen, Günter: Mercedes-Benz Renn- und Sportwagen seit 1894. Stuttgart 2011.

Engelen, Günter: »Von der ›Chaise ohne Gäul‹ zum Serienautomobil«, in: Benz & Cie. Zum 150. Geburtstag von Karl Benz. Mercedes-Benz-Museum Archiv Edition, Stuttgart 1994.

Fersen, Olaf von: Ein Jahrhundert Automobiltechnik – Personenwagen. Düsseldorf 1986.

Glasurit-Werke AG. (Hrsg.): Glasurit-Handbuch des Lack- und Farbenfaches, Hamburg 1936.

Kieselbach, Ralf J. F.: Stromlinienautos in Deutschland. Aerodynamik im PKW-Bau 1900–1945. Stuttgart u.a. 1982.

Krebs, Rudolf: 5 Jahrtausende Radfahrzeuge. Über 100 Jahre Automobil. Berlin, Heidelberg, New York 1994.

Kubisch, Ulrich: Rumpler-Tropfenwagen. Die Heimkehr eines Berliner Automobils. (Hrsg.) Museum für Verkehr und Technik, Berlin 1989.

Lehbrink, Hartmut: Das Mercedes-Benz Rennfahrer-Lexikon. Die 240 schnellsten Mitarbeiter von Mercedes-Benz. Königswinter 2009.

Lewandowski, Jürgen: Mercedes-Benz 1886–1986, Band 2. Lausanne 1986.

Ludvigsen, Karl Eric: Mercedes-Benz Renn- und Sportwagen – Die Geschichte der Silberpfeile. Vom Blitzen-Benz zum McLaren-Mercedes. Stuttgart 1999.

Melin, Jan: Mercedes-Benz. The Supercharged 8-Cylinder Cars oft he 1930s, Volume 1. Gothenburg (Schweden) 1985.

Melin, Jan; Hernström, Sven: Mercedes-Benz. The Supercharged 8-Cylinder Cars oft the 1930s, Volume 2. Sparreholm (Schweden) 2003.

Metternich, Michael Graf Wolff: Edmund Rumpler – Konstrukteur und Erfinder. München 1985.

Metternich, Michael, Graf Wolff: Der Kompressor. Vom Zoller-Verdichter zum Lader von Morgen. München o.J.

Molter, Günther: Werk Sindelfingen. Karosserie- und Montagewerk der Mercedes-Benz Aktiengesellschaft. (Hrsg.) Mercedes-Benz AG, Sindelfingen 1990.

Molter, Günther: Rudolf Caracciola. Titan am Volant. Stuttgart 1995.

Monkhouse, George C.: Mercedes-Benz Grand Prix 1934–1955. Zürich 1985.

Müller, Josef; Müller, Tilman (Hrsg.): Die Freuden des Konstrukteurs – 40 Jahre Daimler-Benz. Prien am Chiemsee 1990.

Niemann, Harry: Die Renngeschichte von Benz & Cie. Mit »maximalen Benz«, in: Mercedes-Benz AG (Hrsg.): Benz & Cie. Zum 150. Geburtstag von Karl Benz. Stuttgart 1994, S. 115–146.

Niemann, Harry: Personenwagen von Mercedes-Benz. Automobillegenden und Geschichten seit 1886. Stuttgart 2006.

Niemann, Harry: Die Sternenmaler. Mercedes-Benz Werbung aus einem Jahrhundert. Stuttgart 2008.

Niemann, Harry: Paul Daimler – König des Kompressors. Stuttgart 2020.

Oswald, Werner: Mercedes-Benz Personenwagen 1886–1986. 4. Auflage, Stuttgart 1987.

Oswald, Werner: Deutsche Autos 1920–1945. Stuttgart 2019.

Rowe, Harvey T.: Männer, Frauen und Motoren. Die Erinnerungen des Rennleiters Alfred Neubauer. 3. Aufl., Stuttgart 1978.

Scheller, Wolfgang; Pollak, Thomas: Rudolf Uhlenhaut – Ingenieur und Gentleman. Der Vater des Mercedes 300 SL. Königswinter 2015.

Schildberger, Friedrich: Chronik der Mercedes Benz Fahrzeuge und Motoren. (Hrsg.) Daimler Benz AG, 6. Aufl., Stuttgart 1978.

Schildberger, Friedrich: 75 Jahre Motorisierung des Verkehrs. Jubiläumsbericht der Daimler Benz Aktiengesellschaft Stuttgart-Untertürkheim. (Hrsg.) Daimler Benz AG, Stuttgart 1961.

Schrader, Halwart: Mercedes-Benz Automobile, Band 3: Vom 170 V zum 300 SL (1935–1963). Königswinter 1993.

Seherr-Thoss, H. C. Graf von: Die deutsche Automobilindustrie. Eine Dokumentation von 1886 bis 1979. Stuttgart 1979.

Siebertz, Paul: Karl Benz. 2. Aufl., Stuttgart 1950.

Simsa, Paul: »Meilensteine der Automobiltechnik«, in: Seiff, Ingo: Mercedes-Benz – Portrait einer Weltmarke. Augsburg 1998.

Walz, Werner; Niemann Harry: Daimler-Benz. Wo das Auto anfing. Konstanz 1996.

Zeitschriften und Zeitschriftenartikel:

Allgemeine Automobil-Zeitung Nr. 16 vom 18.4.1909, S. 4.

Allgemeine Automobil-Zeitung Nr. 1, 1913, S. 18.

Allgemeine Automobil-Zeitung Nr. 27 vom 27.7.1934.

Allgemeine Automobil-Zeitung Nr. 29 vom 21.7.1934.

Allgemeine Automobil-Zeitung Nr. 30 vom 28.7.1934.

Deutsche Automobil Zeitung, Jg. 1934.

»Etwas über Daimler-Mercedes«, Automobil-Revue Nr. 5, 1906, S. 82 ff.

Motor Kritik Nr. 13, Juli 1930, S. 263 ff.

Motor und Sport Nr. 27 vom 8.7.1934.

Motor und Sport Nr. 29 vom 22.7.1934.

Motor und Sport Nr. 30 vom 29.7.1934.

Enger, Jörg: »Das häßliche Entlein?« in: MVC-Depesche 4/99, S. 31 ff. (Typbericht)

Jung, Peter: »Die ›Wie, warum und wo‹ Fragen« in: MVC-Depesche 4/99, S. 38 ff. (Erfahrungs- und Restaurierungsbericht)

Nübel, Otto: »Mercedes-Benz Typ 150« in: Mercedes-Benz in aller Welt, S. 99.

Stiebling, W. »In Untertürkheim ›ausgeheckt‹«, Automobil- und Motorradchronik 7/1975, S. 15 ff. (Geschichte der Heckmotormodelle)

Danksagung

Bei diesem Projekt war ich auf die wohlmeinende Unterstützung vieler Helferinnen und Helfer angewiesen, denen an dieser Stelle ausdrücklich gedankt werden soll.

Es waren dies vom Mercedes-Benz Classic Archiv Alexandra Süß, Katja Hofmann, Christian Biederstaedt und Frieda Da Silva Sengo, die die Recherchen mit großem Engagement unterstützten, sowie Axel Rauschenbach, der für die Bildbeschaffung sorgte.

Großen Dank auch an Martin Gollnick, dem das gesamte Lektorat oblag. Alfred Kist danke ich für den Einblick in seine Arbeit, den er mir gewährte, und die Bereitstellung der CAD-Zeichnungen für die Publikation. Gleiches gilt für Hubert Drescher, der mich am Rekonstruktionsprozess teilhaben ließ. Dank auch an Dr. Gundula Tutt, die mich über die Feinheiten der Zapon-Karosserie instruierte.

Ganz besonderen Dank schulde ich Anna und Peter Thomas, die mir tiefe Einblicke in die Rekonstruktion des Stromlinienwagens von 1934 gestatteten und mir ausführliches Recherchematerial zu dieser Thematik zur Verfügung stellten, ohne das diese Arbeit nicht möglich gewesen wäre.

Jürgen Book von der BASF begleitete das Projekt bezüglich Lacke und Lackierungen und war auch mir ein guter Ratgeber. Dank geht auch an Dr. Jörg Eckert und Dieter Rebmann, die die Auferstehung des Wagens fotografisch begleitet haben, und an Jörg Vogt, der mir die Archivalien über seinen Vater zur Verfügung gestellt hat.

Harry Niemann jun. hat mit der Einbandgestaltung wesentlich zum optischen Gelingen des Buches beigetragen.

Dr. Harry Niemann

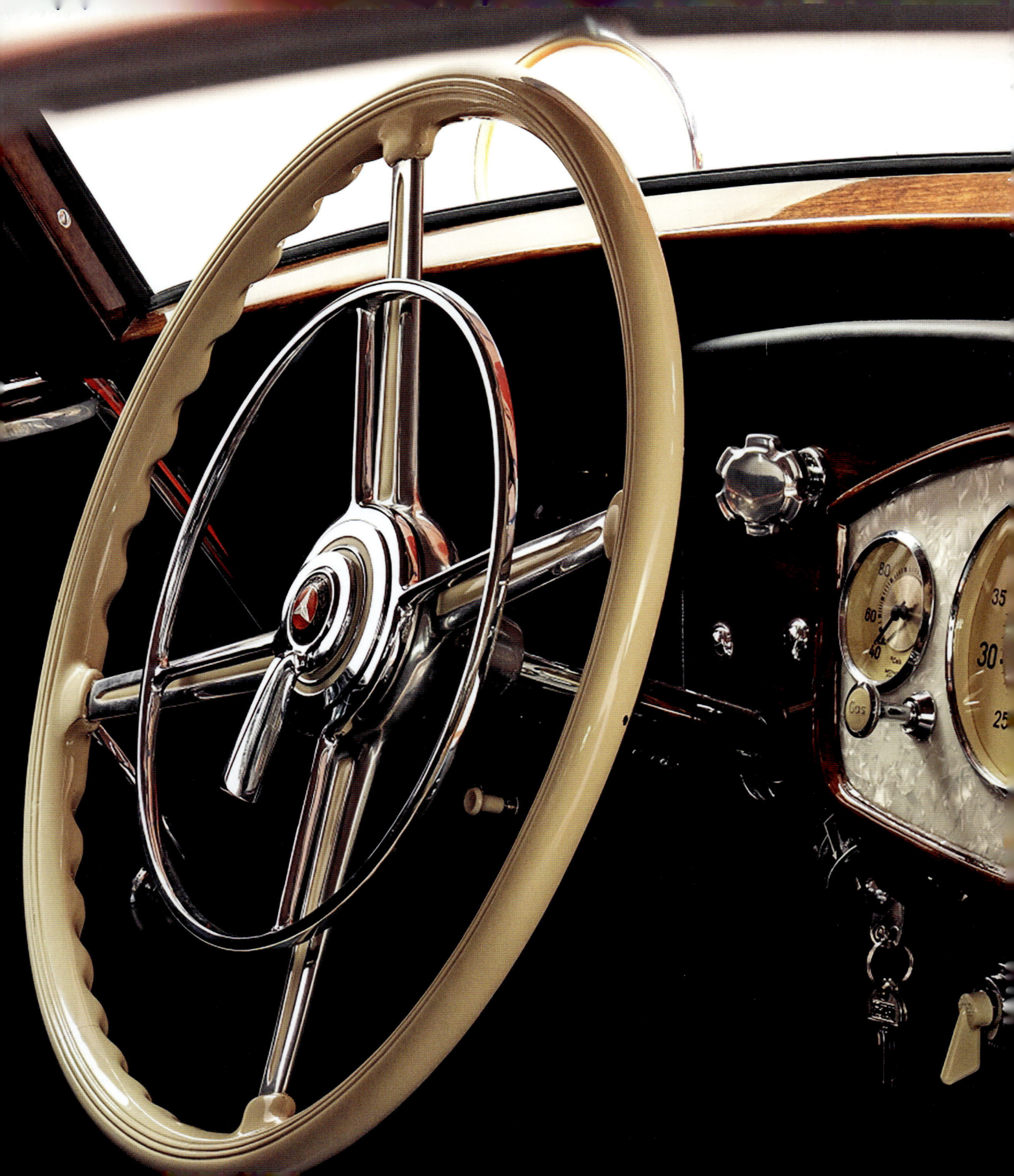
80
60
40
Gas
35
30
25